生物化学实验教程与学习指导

主 编　李敏艳　金　徽

副主编　成　伟

参　编　张　迁　晏　丽

西安电子科技大学出版社

内 容 简 介

本书根据学习情况分为三大部分:第一部分为生物化学实验,针对高等职业院校学生的特点,给出了十四个实验项目,这些实验均可以在几小时内完成,成功率较高,成本适当,特别适合作为高职高专的实验教材,也可以帮助学生对知识进行巩固和练习。每个实验项目后设有思考题,有利于引导学生分析问题、解决问题,提高综合分析能力。第二部分为生物化学习题,包括十四个章节的习题。第三部分为十套综合测试题,有利于学生明确学习目标,及时巩固学习内容。整套教材的编写是一项系统工程,既要遵循教材基本原则,体现学科专业特色,反映学科最新进展,又要兼顾学科间的相互联系,突出实际操作能力,培养学生的综合素质。

本书适合作为高职高专院校生物科学、医药学类专业的教材。

图书在版编目(CIP)数据

生物化学实验教程与学习指导 / 李敏艳,金徽主编. —西安:西安电子科技大学出版社,2018.9
ISBN 978-7-5606-4873-6

Ⅰ. ① 生… Ⅱ. ① 李… ② 金… Ⅲ. ① 生物化学—化学实验—教学参考资料 Ⅳ. ① Q5-33

中国版本图书馆 CIP 数据核字(2018)第 023947 号

策划编辑 毛红兵
责任编辑 张 岚 阎 彬
出版发行 西安电子科技大学出版社(西安市太白南路 2 号)
电 话 (029)88242885 88201467 邮 编 710071
网 址 www.xduph.com 电子邮箱 xdupfxb001@163.com
经 销 新华书店
印刷单位 陕西大江印务有限公司
版 次 2018 年 9 月第 1 版 2018 年 9 月第 1 次印刷
开 本 787 毫米×1092 毫米 1/16 印 张 9.5
字 数 222 千字
印 数 1~3000 册
定 价 22.00 元

ISBN 978-7-5606-4873-6 / Q

XDUP 5175001-1

前　言

　　生物化学是当今医药卫生、生命科学及相关学科教学的必修课程，生物化学实验技术则是这些学科不可缺少的技术支撑，也是临床医学、药学、医学检验技术、生物科学、生物技术等专业学生必修的实验课程。为了更好地满足高等职业教育改革和教学需求，加强实验教学比例，提高学生操作技能，加强学生对生物化学理论知识的理解，培养学生的创新意识和能力，我们根据多年的教学经验，参照课程标准，编写了本书。

　　生物化学实验难度大、成本高，要想在普通高等职业院校增加实验课比例，开设更多的内容，就需要一本实用、易用、好用的实验教材。针对高等职业院校学生的特点，我们进行了实验教学内容的改革和优化，编撰了本书。本书涉及的实验均可以在两个课时内完成，实验的成功率较高，实验成本适当，较适合于高职高专学生使用。

　　全书分为三大部分：第一部分为生物化学实验，包括十四个实验项目，每个实验项目后设立有思考题，引导学生分析问题、解决问题；第二部分为生物化学习题，给出了各章的习题；第三部分为综合测试题，有利于学生明确学习目标，及时巩固学习内容。

　　由于编者水平有限，再加上生物化学技术还在不断发展，书中难免有不妥之处，望广大读者不吝批评指正，提出宝贵意见，以便再版时完善。

编　者

2017 年 9 月

前　言

目　录

第一部分　生物化学实验

实验一　蛋白质两性解离和等电点测定 2

实验二　蛋白质变性与沉淀 4

实验三　蛋白质的显色反应 7

实验四　蛋白质含量测定 12

实验五　血清蛋白醋酸纤维薄膜电泳 16

实验六　血清总蛋白测定(双缩脲法) 19

实验七　酶的专一性 21

实验八　影响酶促反应的因素 23

实验九　血糖的测定(葡萄糖氧化酶法) 26

实验十　尿糖的定性测定(班氏试剂法) 28

实验十一　血清尿素氮含量测定(二乙酰一肟法) 30

实验十二　血清总胆固醇测定(酶法) 32

实验十三　尿酮体的定性测定 34

实验十四　血清钾、钠的测定 35

第二部分　生物化学习题

第一章　绪论 38

第二章　蛋白质的结构与功能 40

第三章　核酸化学 42

第四章　酶 44

第五章　维生素 48

第六章　糖代谢 51

第七章　脂类代谢 55

第八章　生物氧化 57

第九章　氨基酸代谢 60

第十章　核苷酸代谢 63

第十一章　基因信息的传递与表达 65

第十二章　水盐代谢 69

第十三章　酸碱平衡 72

第十四章　细胞信号转导 74

第三部分 综合测试题

综合测试题(一) 78
综合测试题(二) 82
综合测试题(三) 88
综合测试题(四) 95
综合测试题(五) 99
综合测试题(六) 103
综合测试题(七) 107
综合测试题(八) 113
综合测试题(九) 118
综合测试题(十) 122

附　录

附录一　生物化学实验室守则 130
附录二　实验记录及实验报告 132
附录三　化学试液的配制 134
附录四　实验报告书写要求 137
附录五　常用生化单位正常值 138
附录六　常用生化单位换算表 140
附录七　实验室中常用酸碱的相对密度和浓度的关系 142
附录八　常用元素原子量表 143
附录九　常用缓冲液的配置方法 144
附录十　常用酸碱指示剂 145

参考文献 146

第一部分

生物化学实验

实验一　蛋白质两性解离和等电点测定

【实验目的】

(1) 学会测定蛋白质等电点的基本方法。

(2) 熟悉蛋白质的两性解离性质。

(3) 了解等电点的意义及其与蛋白质分子聚沉能力的关系。

【实验原理】

　　蛋白质和氨基酸都是两性电解质。蛋白质由许多氨基酸组成，其中绝大多数氨基酸残基的氨基与羧基成肽键结合，但是仍然存在一定数量的自由氨基与羧基。此外，蛋白质还含有酚基、巯基、胍基、咪唑基等酸碱基团。

　　调节溶液的酸碱度时，蛋白质会随之电离，形成阴离子或者阳离子(见图1-1)。蛋白质的等电点(pI)是指，当溶液中的氢离子达到一定浓度时，蛋白质分子所带的正、负电荷相等，成为兼性离子状态时的 pH 值。当溶液的 pH 值低于蛋白质等电点时，H⁻较多，蛋白质分子带正电荷；当溶液的 pH 值大于等电点时，OH⁻较多，蛋白质分子带负电荷。碱性氨基酸含量较多的蛋白质等电点较大，如组蛋白和精蛋白；酸性氨基酸含量较多的蛋白质等电点较小，如酪蛋白和胃蛋白酶。

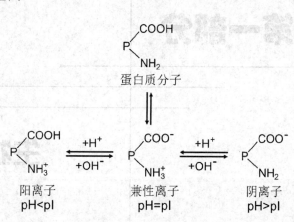

图 1-1　蛋白质的两性解离性质

　　在等电点时，蛋白质的理化性质都有所变化，溶解度、黏度、渗透压、膨胀性及导电能力均最小，可利用这些性质的变化测定蛋白质的等电点。最常用的方法是测定蛋白质溶解度最低时溶液的 pH 值。如测定酪蛋白的等电点时，用醋酸与醋酸钠(醋酸钠与酪蛋白混合形成溶液)配制成各种不同 pH 值的缓冲液，再加入酪蛋白，出现沉淀最多的缓冲液的 pH 值即为酪蛋白的等电点。

【实验用品】

1. 器材

胶头滴管、试管、试管架。

2．试剂

0.01%的溴甲酚绿、0.5%的酪蛋白溶液、0.02 mol/L 的 HCl 溶液、0.02 mol/L 的 NaOH 溶液、0.4%的酪蛋白醋酸钠溶液、1.0 mol/L 的醋酸溶液、0.1 mol/L 的醋酸溶液、0.01 mol/L 的醋酸溶液。

【实验步骤】

1．蛋白质的两性解离

(1) 取干净试管 1 支，加入 20 滴 0.5%的酪蛋白溶液，逐滴加入 0.01%的溴甲酚绿溶液 (约 5～7 滴)，边滴加边振荡使其充分混合，观察溶液颜色的变化。

(2) 逐滴加入 0.02 mol/L 的 HCl 溶液，边滴加边振荡直到出现明显的沉淀为止，用精密 pH 试纸测溶液的 pH 值，观察溶液的颜色变化。

(3) 继续加入 0.02 mol/L 的 HCl 溶液，边滴加边摇匀，观察沉淀的变化和溶液颜色的变化。

(4) 逐滴加入 0.02 mol/L 的 NaOH 溶液到上面的溶液中，边滴加边摇匀使溶液的 pH 值接近中性，观察沉淀是否形成。

(5) 继续滴加 0.02 mol/L 的 NaOH 溶液，边滴加边摇匀，观察沉淀的变化。

2．酪蛋白等电点的测定

(1) 取同样规格的试管 4 支，按表 1-1 的顺序精确地加入各试剂，然后充分混匀。

表 1-1　酪蛋白测定上样量表

试管号	蒸馏水 /mL	0.01 mol/L 醋酸 /mL	0.1 mol/L 醋酸 /mL	1.0 mol/L 醋酸 /mL	酪蛋白醋酸钠溶液 /mL
1	8.4	0.6	—	—	1
2	8.7	—	0.3	—	1
3	8.0	—	1.0	—	1
4	7.4	—	—	1.6	1

(2) 此时 1、2、3、4 管的 pH 值依次为 5.9、5.3、4.7、3.5，观察其混浊度。

(3) 静置 10 min 后，再观察其混浊度，最混浊的一管的 pH 值即为酪蛋白的等电点。

【实验结果】

观察每支管内溶液的混浊度，用"+"、"－"表示沉淀的多少，并判断酪蛋白的 pI 值。

【注意事项】

(1) 要求各试剂的浓度和加入量相当准确。

(2) 每种试剂加完后，要振荡试管使其充分混合。

【思考题】

(1) 何谓蛋白质的等电点？为什么在等电点时蛋白质的溶解度最低？

(2) 本实验中，根据蛋白质的何种性质测定其等电点？

实验二　蛋白质变性与沉淀

【实验目的】

(1) 学会沉淀蛋白质的方法。
(2) 熟悉蛋白质胶体溶液的稳定因素。
(3) 了解蛋白质变性与沉淀的关系。

【实验原理】

1. 蛋白质的变性作用

受理化因素的影响，蛋白质分子的空间构象被破坏，使其自身理化性质发生改变并失去生物学活性的现象称为蛋白质的变性作用。变性作用并不会破坏蛋白质的一级结构，而是破坏其高级结构，即连接氨基酸残基的肽键并未断裂。变性后的蛋白质称为变性蛋白。

引起蛋白质变性的因素很多，物理因素有高温、紫外线、X 射线、超声波、高压、剧烈的搅拌、振荡等，化学因素有强酸、强碱、尿素、胍盐、去污剂、重金属盐(如 Hg^{2+}、Ag^+、Pb^{2+}等)、三氯乙酸、浓乙醇等。不同蛋白质对不同因素的敏感程度有差异。

2. 蛋白质的沉淀反应

在水溶液中，蛋白质分子的表面有水化层和同性电荷，可形成稳定的胶体颗粒。在某些理化因素的作用下，蛋白质分子表面带电性质会发生变化，失去水化层，甚至发生蛋白质变性，导致蛋白质以固态形式从溶液中析出，这个过程称为蛋白质的沉淀反应。

蛋白质的沉淀反应可分为以下两种类型：

(1) 可逆沉淀反应。可逆沉淀反应是指发生沉淀反应后，蛋白质分子内部结构没有显著变化，去除沉淀因素后，又可恢复其亲水性。属于这类沉淀反应的有盐析作用、等电点沉淀等。

(2) 不可逆沉淀反应。不可逆沉淀反应是指蛋白质的空间结构发生了大的改变，甚至发生变性作用导致其沉淀，并丧失生物活性，即使除去沉淀因素，蛋白质也不会恢复其亲水性和生物活性。重金属盐、生物碱试剂、强酸、强碱、加热、强烈振荡、有机溶剂等都会使蛋白质发生不可逆沉淀反应。

3. 引起蛋白质沉淀的方法及其原理

(1) 盐析。

蛋白质是亲水胶体，在高浓度的中性盐影响下，一方面蛋白质会脱去水化层，另一方面蛋白质分子所带的电荷会被中和，使蛋白质的胶体稳定性遭到破坏而沉淀析出。盐析沉淀蛋白质一般不会引起蛋白质变性，故常用于分离各种天然蛋白质。蛋白质的组成及性质不同，盐析时所需中性盐的浓度也不相同。例如半饱和的硫酸铵可以沉淀球蛋白，饱和的硫酸铵则可以沉淀清蛋白。

(2) 乙醇沉淀蛋白质。

加入乙醇能破坏蛋白质的胶体性质而使蛋白质沉淀。一方面乙醇作为脱水剂可与蛋白质争夺水化膜，另一方面乙醇可使蛋白质解离度降低，带电量减少。在低温环境中使用乙醇沉淀可使蛋白质保持其理化特性和生物学活性，在室温中乙醇可使蛋白质变性，形成不可逆沉淀。

(3) 重金属盐沉淀蛋白。

当溶液的 pH 值大于蛋白质的 pI 值时，蛋白质带负电荷。使用带正电的重金属离子，如 Ca^{2+}、Hg^{2+}、Ag^+、Pb^{2+} 等，可以与蛋白质结合成盐而沉淀。

(4) 生物碱试剂沉淀蛋白。

鞣酸、苦味酸、磷钨酸等物质能沉淀生物碱或与其产生颜色反应。当溶液的 pH 值小于蛋白质的 pI 值时，蛋白质带正电荷，使用带负电的生物碱试剂，可以结合成盐而沉淀。

【实验用品】

1. 器材

试管、试管架、小玻璃漏斗、滤纸。

2. 试剂

5%的蛋白质溶液(将 5 mL 的鸡蛋清稀释至 100 mL，搅拌均匀后用 4～8 层纱布过滤)、蒸馏水、氯化钠、95%的乙醇、饱和硫酸铵溶液、硫酸铵粉末、1%的醋酸铅溶液、1%的硫酸铜溶液、饱和苦味酸、1%的醋酸溶液。

【操作步骤】

1. 蛋白质的盐析作用

(1) 取 1 支试管，加入 5%的蛋白质溶液 2 mL，再加入饱和硫酸铵溶液 2 mL，充分摇匀，静止几分钟后观察现象。

(2) 将上述液体过滤。向滤液中逐渐加入硫酸铵粉末，直至饱和为止，摇匀后观察现象。

(3) 取上述液体 2 mL，加入 4 mL 蒸馏水，观察沉淀是否溶解。

2. 有机溶剂沉淀蛋白质

(1) 取一支试管，加入 5%的蛋白质溶液 1 mL，加入少量氯化钠，溶解后加 95%的乙醇 3 mL 并摇匀，观察现象。

(2) 再加入 10 mL 蒸馏水，摇匀，观察现象。

3. 重金属盐沉淀蛋白质

取 2 支试管，各加入 5%的蛋白质溶液 2 mL，一支管中逐渐滴加入 1%的醋酸铅溶液，另一支管中逐渐滴加入 1%的硫酸铜溶液，观察现象。

4. 生物碱试剂沉淀蛋白质

取一支试管，加入 5%的蛋白质溶液 2 mL 及 1%的醋酸 4～5 滴，再加入饱和苦味酸数滴，观察现象。

【实验结果】

观察并记录蛋白质变性和沉淀的实验现象。

【注意事项】

(1) 实验中使用的试剂较多，注意防止交叉污染。

(2) 蛋白质的盐析作用中饱和硫酸铵溶液中会出现结晶现象，注意与蛋白质沉淀相区别。

(3) 盐析出现沉淀后应当尽快加入蒸馏水观察是否溶解，时间过长容易造成蛋白质变性。

【思考题】

(1) 蛋白质沉淀有哪几种方法？哪些是可逆的沉淀反应？

(2) 为什么蛋清可用作铅中毒或汞中毒的解毒剂？

(3) 高浓度的硫酸铵对蛋白质溶解度有何影响，为什么？

实验三　蛋白质的显色反应

【实验目的】

(1) 了解构成蛋白质的基本结构单位及主要连接形式。
(2) 了解蛋白质和某些氨基酸的呈色反应原理。
(3) 学会几种常用的鉴定蛋白质和氨基酸的方法。

一、双缩脲反应

【实验原理】

尿素加热至 180℃左右时，会生成双缩脲并释放一分子氨。双缩脲在碱性条件下能与 Cu^{2+} 结合生成紫红色化合物，此反应称为双缩脲反应。蛋白质分子中有肽键，其结构与双缩脲相似，也能发生此反应(二肽和氨基酸都不能发生双缩脲反应)。尿素可用于蛋白质的定性或定量测定。

双缩脲反应的反应式如下：

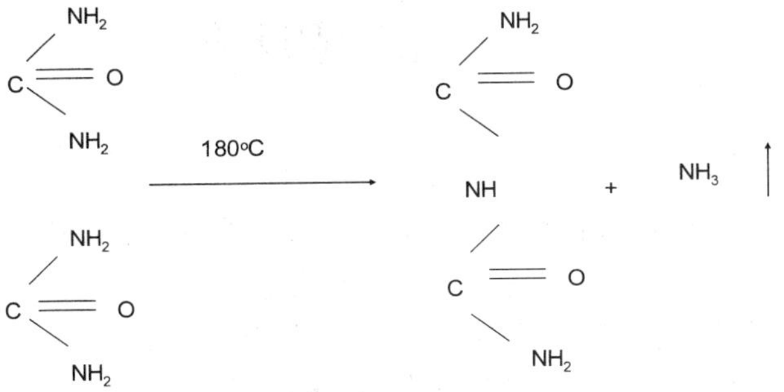

双缩脲

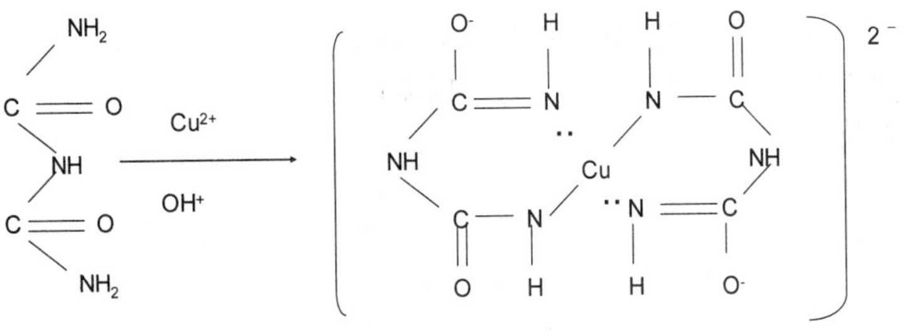

紫红色化合物

发生双缩脲反应的物质不仅包含有两个以上肽键的物质，还包含有一个肽键和一个 -CS-NH$_2$, -CH$_2$-NH$_2$, -CHR-NH$_2$，-CH$_2$-NH$_2$-CH-NH$_2$-CH$_2$-OH 或 -CHOHCH$_2$NH$_2$ 等基团的物质以及乙二酰二胺等物质。NH$_3$ 也会干扰此反应，因为 NH$_3$ 与 Cu^{2+} 可以生成暗蓝色的络离子 Cu(NH$_3$)$_4^{2+}$。因此，一切蛋白质或二肽以上的多肽都能发生双缩脲反应，但能发生双缩脲反应的物质不一定都是蛋白质或多肽。

【实验用品】

1．器材

试管、试管架。

2．试剂

尿素、10%的氢氧化钠溶液、1%的硫酸铜溶液、蛋白质溶液(蛋清：水 = 1：9)。

【实验步骤】

(1) 取少量尿素结晶，放在干燥试管中。

(2) 用微火加热使尿素熔化。熔化的尿素开始硬化时，停止加热，此时尿素放出氨，形成双缩脲。

(3) 冷却后，加入 10%的氢氧化钠溶液约 1 mL，振荡混匀，再加入 1%的硫酸铜溶液 1 滴，再振荡。

(4) 观察现象。试管中出现粉红颜色。应避免添加过量硫酸铜，否则，生成的蓝色氢氧化铜会掩盖粉红色。(由于杂质以及氨气的干扰，导致颜色不都是紫红色)

(5) 向另一试管中加入蛋白溶液(蛋清)约 1 mL 和 10%的氢氧化钠溶液约 2 mL，摇匀，再加入 1%的硫酸铜溶液 2 滴，随加随摇。仔细观察直到紫玫瑰色的出现。

二、茚三酮反应

【实验原理】

蛋白质、多肽和各种氨基酸以及所有α-氨基酸均能发生该反应，除无 α-氨基的脯氨酸和羟脯氨酸的反应呈黄色外，其它均生成蓝紫色化合物，最终生成蓝色化合物。氨、β-丙氨酸和许多一级氨化合物都有此反应。尿素、马尿酸、二酮吡嗪和肽键上的亚氨基不呈现此反应。因此，虽然蛋白质或氨基酸均有茚三酮反应，但能与茚三酮呈阳性反应的不一定都是蛋白质或氨基酸。该反应分为两步，第一步是氨基酸被氧化脱氨形成酮酸，酮酸脱羧形成醛，放出 CO$_2$、NH$_3$，水合茚三酮被还原成还原型茚三酮；第二步是所形成的还原型茚三酮同另一个水合茚三酮分子和氨缩合生成蓝色物质。

茚三酮反应的反应式如下：

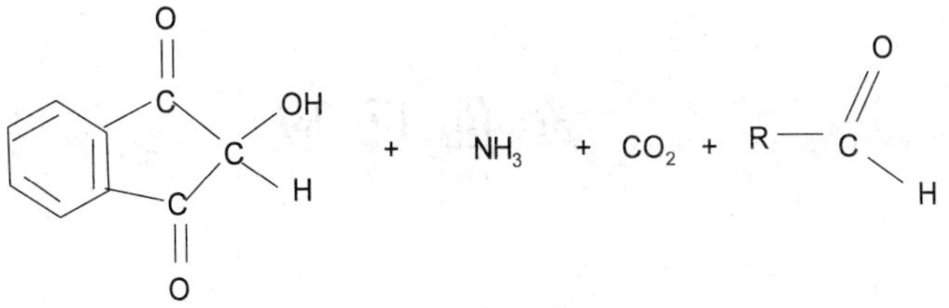

还原型茚三酮

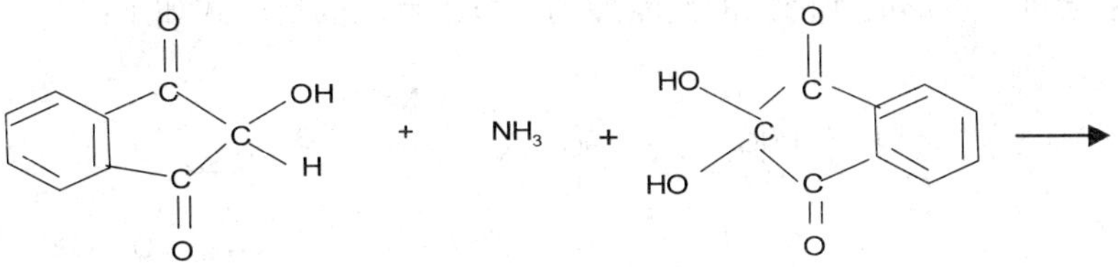

还原型茚三酮

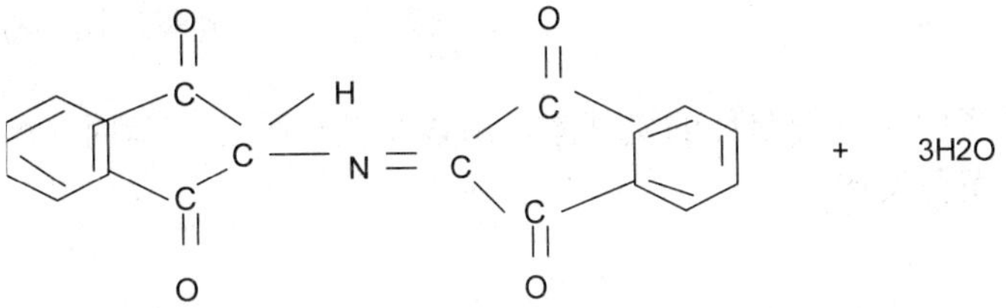

蓝紫色

该反应非常灵敏，只要1∶150万浓度的氨基酸水溶液即能给出反应，是一种常用的氨基酸定量测定方法。但在定性、定量测定中，一方面要严防干扰物存在，另一方面要在适宜的 pH 条件下进行测定。该反应的适宜的 pH 值为 5～7，同一浓度的蛋白质或氨基酸在不同 pH 条件下的颜色深浅不同，酸度过大时甚至不显色。

【实验用品】

1．器材

试管、试管夹、小玻璃漏斗、滤纸。

2．试剂

蛋白质溶液(蛋清∶水＝1∶9)、0.5%的甘氨酸、0.1%的茚三酮水溶液、0.1%的茚三酮-乙醇溶液。

【实验步骤】

(1) 取两支试管分别加入蛋白质溶液和甘氨酸溶液 1 mL，再各加 0.5 mL 0.1%的茚三酮水溶液，混匀，在沸水浴中加热 1～2 分钟，观察颜色由粉色变紫色再变蓝色(pH 不同颜色深浅不同)。

(2) 在一小块滤纸上滴一滴 0.5%的甘氨酸溶液，风干后，再在原处滴一滴 0.1%的茚三酮-乙醇溶液，在微火旁烘干显色，仔细观察直到紫红色斑点的出现。

三、黄 色 反 应

【实验原理】

含有苯环的氨基酸，如酪氨酸、色氨酸，遇硝酸后，可被硝化成黄色物质，该化合物在碱性溶液中会进一步形成深橙色的硝醌酸钠。黄色反应的反应式如下：

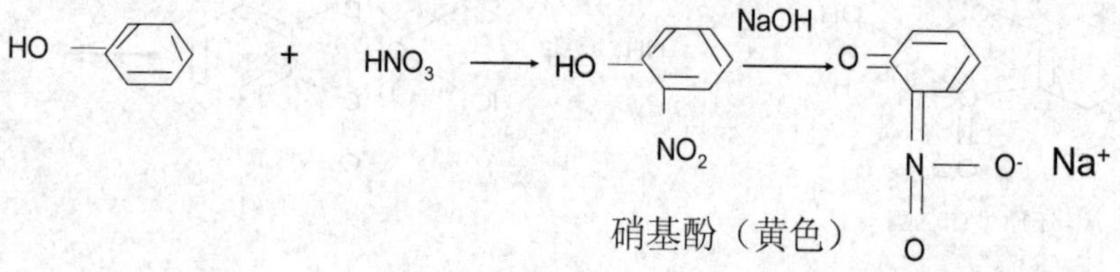

硝基酚（黄色）

硝醌酸钠（橙黄色）

多数蛋白质分子中含有带苯环的氨基酸，所以呈黄色反应，苯丙氨酸不易硝化，需加入少量浓硫酸才有黄色反应。

【实验用品】

1. 器材

试管、试管夹、小玻璃漏斗、滤纸。

2. 试剂

蛋白质溶液(将新鲜鸡蛋清用6层纱布过滤,然后按蛋清：水＝1：20的比例配制而成),大豆提取液(将大豆浸泡充分吸胀后研磨成浆状再用纱布过滤), 头发、指甲、0.5%的苯酚溶液、浓硝酸、0.3%的色氨酸溶液、0.3%的酪氨酸溶液、10%的氢氧化钠溶液。

【实验步骤】

向7支试管中分别按表3-1加入试剂，观察各试管中出现的现象，有的试管反应慢可放置一会儿或用微火加热。待各试管出现黄色后，于室温下逐滴加入10%的氢氧化钠溶液至碱性，观察颜色变化(1～4号试管可能需要加热)。

表 3-1　黄色反应上样量表

管号	1	2	3	4	5	6	7
材料	鸡蛋清溶液	大豆提取液	指甲	头发	0.5%苯酚	0.3%色氨酸	0.3%酪氨酸
浓硝酸	4滴	4滴	少许	少许	4滴	4滴	4滴
现象1							
现象2							

四、考马斯亮蓝反应

【实验原理】

考马斯亮蓝 G250(R250)具有红色和蓝色两种色调，在酸性溶液中，以游离态存在，呈棕红色；当它与蛋白质通过疏水作用结合后变为蓝色。

它染色灵敏度高，比氨基黑高 3 倍。反应速度快，约在 2 分钟左右时间达到平衡，在室温下一小时内稳定。在 $0.01\sim1.0$ mg 蛋白质范围内，蛋白质浓度与 A595 nm 值成正比。所以常用来测定蛋白质含量。

【实验试剂】

(1) 蛋白质溶液(由蛋清：水＝1：20 比例配制)。

(2) 考马斯亮蓝溶液：将考马斯亮蓝 G_{250}100 mg 溶于 50 mL 95%的乙醇中，加 100 mL 85%的磷酸混匀，配成原液。临用前取原液 15 mL，加蒸馏水至 100 mL，用粗滤纸过滤后，最终浓度为 0.01%。

【实验步骤】

(1) 取两支试管，分别按表 3-2 加入试剂。

表 3-2　考马斯亮蓝反应上样量表

管号＼试剂	蛋白质溶液/mL	蒸馏水/mL	考马斯亮蓝染液/mL
1	0	1	5
2	0.1	0.9	5

(2) 观察实验结果。

【思考题】

(1) 常用的鉴定蛋白质和氨基酸的方法有哪些？

(2) 简述双缩脲反应的实验步骤？

(3) 简述双缩脲反应、茚三酮反应、黄色反应和考马斯亮蓝反应鉴定蛋白质的优缺点。

实验四　蛋白质含量测定

一、Lowry 法测定蛋白质含量

【实验目的】

掌握 Lowry 法测定蛋白质含量的原理和方法。

【实验原理】

Lowry 法测定蛋白质含量的原理和双缩脲方法基本相同，只是加入了第二种试剂，即 folin-酚试剂，以增加显色量，从而提高了检测蛋白质的灵敏度。这两种显色反应产生深蓝色的原因是，在碱性条件下，蛋白质中发生烯醇化反应，使铜离子螯合在肽结构中，生成复合物，从而使电子易于转移到显色剂上，增加了酚试剂对蛋白质的敏感性。酚试剂中的磷钼酸盐-磷钨酸盐被蛋白质中的酪氨酸和苯丙氨酸残基还原，产生深蓝色混合物。在一定条件下，蓝色深度与蛋白的含量成正比，可用分光光度法在 650 nm 处进行比色测定。

【实验用品】

1. 器材

可见分光光度计、试管、容量瓶。

2. 试剂

(1) 试剂一：将 100 g 碳酸钠(Na_2CO_3)及 2 g 酒石酸钾溶于 500 mL 浓度为 1.0 mol/L 的 NaOH 溶液中，用水稀释至 1 L。

(2) 试剂二：将 2 g 酒石酸钾及 1 g 五水硫酸铜($Cu_2SO_4 \cdot 5H_2O$)分别溶解于少量蒸馏水中，混合后加水至 90 mL，再加 10 mL 浓度为 1.0 mol/L 的 NaOH 溶液。

(3) 试剂三：称取 25 g 钨酸钠($Na_2WO_4 \cdot 2H_2O$)和 25 g 钼酸钠(Na_2MoO_3)溶于 700 mL 蒸馏瓶中，再加入 85%的磷酸 50 mL，浓盐酸 100 mL，充分混合，置于圆底烧瓶中，上连回流管(使用木塞或锡纸包裹的橡皮塞)微沸回流 10 h。回流结束时取下回流管，加入 150 g 硫酸锂($Li_2SO_4 \cdot H_2O$)、50 mL 水、溴液数滴，开口继续煮沸约 15 min，去除过量的溴。冷却后溶液呈黄色(如仍呈绿色，需再重复滴加溴液的步骤)，加水至 1000 mL，过滤，作为酚试剂贮备液，置棕色试剂瓶中保存。将酚试剂贮备液使用标准 NaOH 滴定液(0.5 mol/L)滴定，酚酞做指示剂，然后适当稀释，约加入该溶液 1 倍体积的水。

(4) 标准蛋白质溶液：精确称取结晶牛血清白蛋白或 g-球蛋白，溶于 0.9%的 NaCl 溶液中，浓度为 250 mg/mL 左右。

【实验步骤】

(1) 吸取血清 1 mL，加入容量瓶，再加入 0.9% 的 NaCl 溶液定容至 50 mL，混匀，此为稀释的待测蛋白质溶液。

(2) 取洁净干燥试管 3 支，按表 4-1 所示的操作方法加入试剂。

表 4-1 Lowry 法测定蛋白质含量的操作方法

试剂	空白管	标准管	待测管
0.9% 的 NaCl 溶液	1.0	0	0
标准蛋白质溶液	0	1.0	0
待测蛋白质溶液	0	0	1.0
试剂一	0.9	0.9	0.9
	混匀后，置于 50℃水浴 10 min，冷却		
试剂二	0.1	0.1	0.1
	混匀后，室温放置 10 min		
试剂三	3.0	3.0	3.0
	立即混匀，置于 50℃水浴 10 min		

将试管取出冷却。取空白管溶液调透光率为 100%，用可见分光光度计在 650 nm 波长下比色，读取测定管和标准管的吸光度值。

【实验结果】

按照以下公式计算实验结果：

$$血清蛋白质含量 = \frac{测定管吸光度值}{标准管吸光度值} \times 标准管蛋白浓度 \times 稀释倍数$$

【注意事项】

(1) 向各管中加入酚试剂时必须快速，并立即摇匀，不应出现混浊。

(2) 由于各种蛋白质的酪氨酸的含量不同，显色的深浅往往随蛋白质的不同而变化，因此本测定法通常只适用于测定蛋白质的相对浓度(相对于标准蛋白质)。

(3) 此测定法比双缩脲法更灵敏，但整个实验时间较长，需要精确控制操作时间。

二、Bradford 法测定蛋白质含量

【实验目的】

掌握 Bradford 法(考马斯亮蓝法 G-250)测定蛋白质含量的原理和方法。

【实验原理】

由于双缩脲法和 Folin-酚试剂法有明显缺点和许多限制，导致人们想要寻找更好的蛋

白质含量测定方法。Bradford 法是根据蛋白质与燃料相结合的原理设计的。这种蛋白质测定法与其它几种方法相此具有非常突出的优点，蛋白质与染料结合后产生的颜色变化很大；复合物有更高的吸光系数，因而光吸收值随蛋白质浓度的变化比较灵敏；且测定快速、简便，只需加一种试剂，干扰物质少。

考马斯亮蓝 G-250 是一种常用的蛋白质染色剂，在酸性溶液中与蛋白质的碱性氨基酸(特别是精氨酸)和芳香族氨基酸残基相结合，最大光吸收峰由 465 nm 变为 595 nm，溶液的颜色也由棕红色变为蓝色，其光吸收值与蛋白质含量成正比，进而可用于蛋白质的定量测定。

【实验用品】

1. 器材

可见分光光度计、容量瓶、试管、微量加样器、吸头坐标纸。

2. 试剂

(1) 标准蛋白质溶液：将牛血清白蛋白(BSA)配制成 1.0 mg/mL 的标准蛋白质溶液。

(2) 考马斯亮蓝 G-250 染料试剂：称取 100 mg 考马斯亮蓝 G-250，溶于 50 mL 95%的乙醇后，再加入 120 mL 85%的磷酸，用去离子水稀释至 1000 mL。

【实验步骤】

(1) 取洁净试管 8 支，1 管为空白对照管，2～7 管为标准管，8 管为待测管，按表 4-2 所示的操作步骤加入试剂。

表 4-2　Bradford 法测定蛋白质含量的操作步骤　　　　　(单位：mL)

加入物	1	2	3	4	5	6	7	8
蒸馏水	0.1	0.09	0.08	0.06	0.04	0.02	0	0
标准蛋白质溶液	0	0.01	0.02	0.04	0.06	0.08	0.1	0
待测蛋白质溶液	0	0	0	0	0	0	0	0.1
考马斯亮蓝 G-250 试剂	5	5	5	5	5	5	5	5

(2) 充分混匀，室温放置 2 min 后，取空白管溶液将透光率调至 100%，在分光光度计上测定各样品在 595 nm 波长处的吸光度 A_{595}。

【实验结果】

以标准蛋白质浓度(mg/mL)为横坐标，以吸光度值 A_{595} 为纵坐标作图，即可得到一条标准曲线。由此标准曲线，根据测出的未知样品的 A_{595} 值，即可查出未知样品的蛋白质浓度。

【注意事项】

(1) 不可使用石英比色皿，可用塑料或玻璃比色皿，使用后要立即用少量 95%的乙醇荡洗，以洗去染色。塑料比色皿决不可用乙醇或丙酮长时间浸泡。

(2) 由于各种蛋白质中的精氨酸和芳香族氨基酸的含量不同，此方法用于不同蛋白质测定时与真实值可能有较大的偏差。在制作标准曲线时通常选用 g-球蛋白为标准蛋白质。

(3) 标准曲线也有轻微的非线性，因而不能用 beer 定律进行计算，只能用标准曲线来测定未知蛋白质的浓度。

【思考题】

(1) Lowry 法与 Bradford 法测定蛋白质含量各有哪些优点和缺点？

(2) 同一样品分别用 Lowry 法与 Bradford 法测定蛋白质含量结果一样吗？分析其原因。

(3) 影响 Lowry 法测定蛋白质含量精确性的因素有哪些？

(4) 影响 Bradford 法测定蛋白质含量精确性的因素有哪些？

实验五　血清蛋白醋酸纤维薄膜电泳

【实验目的】

学会醋酸纤维薄膜(CAM)电泳分离血清蛋白质的基本原理及注意事项。

熟悉醋酸纤维薄膜电泳的操作步骤。

了解电泳分离血清蛋白质及其定性定量的方法。

【实验原理】

血清中各种蛋白质的等电点(pI)绝大部分低于8.6,在pH值为8.6的缓冲液中带负电荷,在电场中向正极移动。各种蛋白质的pI值不同,因此所带电荷也有所差异,且各种蛋白质的分子量大小及空间构象也不相同,因此在同一电场中向前移动的速率也不同,带电荷越多、分子量越小者泳动越快;带电荷越少、分子量越大者泳动越慢。可利用此特性将血清中的蛋白质进行分离。醋酸纤维薄膜电泳可将血清蛋白质分为 5 条区带,从正极端起,依次为清蛋白、α_1-球蛋白、α_2-球蛋白、β-球蛋白和 γ-球蛋白五个组分,它们的分子量及等电点见表 5-1。

表 5-1　血清蛋白各组分的分子量及等电点

蛋白组分	分子量	等电点
清蛋白	66 248	4.8
α_1-球蛋白	130 000	5.0
α_2-球蛋白	200 000	5.0
β-球蛋白	1 300 000	5.12
γ-球蛋白	1 500 000	6.8～7.3

由于染色时染料与蛋白质的结合量与蛋白质的量成正比,因此可将各蛋白质区带剪下后,经脱色、比色或透明处理后直接采用光密度计扫描,可计算出血清各蛋白区带的相对百分数,如同时测定血清总蛋白含量,还可计算出各蛋白区带的绝对含量。

【实验用品】

醋酸纤维薄膜、巴比妥-巴比妥钠缓冲液(pH = 8.6 ± 0.1,离子强度为 0.06)、丽春红 S 染色液、氨基黑 10B 染色液、3%(V/V)的醋酸溶液、甲醇 45 mL、冰醋酸 5 mL、蒸馏水 50 mL、透明液、0.1 mol/L 的氢氧化钠溶液、0.4 mol/L 的氢氧化钠溶液、电泳仪、电泳槽、血清加样器、光密度计、分光光度计。

【实验步骤】

(1) 将缓冲液加入电泳槽内，调节两侧槽内的缓冲液，使其在同一水平面。

(2) CAM 的准备：取 CAM(2 cm × 8 cm)一张，在无光泽面的一端(负极侧)的 1.5 cm 处，用铅笔轻画一条横线，作点样标记，标好后，将 CAM 无光泽面朝下置于巴比妥-巴比妥钠缓冲液中浸泡，待充分浸透后取出(一般约 20 分钟)。夹于洁净滤纸中间，吸去多余的缓冲液。

(3) 将 CAM 的无光泽面向上贴于电泳槽的支架上拉直，用加样器取无溶血血清 3～5 μL，均匀、垂直印在 CAM 画线处。样品应与膜的边缘保持一定距离，以免电泳图谱中蛋白区带变形，待血清渗入膜后，反转 CAM 使光泽面朝上平直地贴于电泳槽的支架上，用双层滤纸或 4 层纱布将膜的两端与缓冲液连通，稍待片刻。

(4) 连通电源，注意 CAM 上的正、负极，切勿接错。电压为 90～150 V，电流为 0.4～0.6 mA/cm(不同的电泳仪所需电压、电流可能不同，应灵活掌握)，夏季通电约 45 分钟，冬季通电约 60 分钟，待电泳区带展开 35～40 mm，即可关闭电源。

(5) 染色通电完毕，取下薄膜直接浸于丽春红 S 或氨基黑 10B 染色液中，染色 5~10 分钟(清蛋白带染透为止)，然后在漂洗液中漂去剩余染料，直到背景变为无色为止。

(6) 定量。

① 洗脱法：将漂洗净的薄膜吸干，剪下各染色的蛋白区带放入相应的试管内，在 CAM 的无蛋白质区带部分，剪一条与清蛋白区带同宽度的膜条，作为空白对照。

氨基黑 10B 染色：在清蛋白管内加入 0.4 mol/L 的氢氧化钠 6 mL(计算时吸光度乘 2)，其余各加 3 mL，充分振摇，置于 37℃的水箱中 20 分钟，使其染料浸出。使用分光光度计，在波长为 600～620 nm 处读取各管吸光度，然后计算出各自的相对百分含量。

丽春红 S 染色：洗脱液用 0.1 mol/L 的氢氧化钠，加入量同上，10 分钟后，向清蛋白管内加入 40%(V/V)的醋酸 0.6 mL(计算时吸光度乘 2)，其余各加入 0.3 mL，以中和部分氢氧化钠，使色泽加深。必要时要离心沉淀，提取上部清液，使用分光光度计，在波长为 520 nm 处，读取各管吸光度，然后计算出各自的相对百分含量。

② 光密度计扫描法：吸去薄膜上的漂洗液(为防止透明液被稀释影响透明效果)，将薄膜浸入透明液中 2~3 分钟(延长一些时间亦无影响)。然后取出，以滚动的方式平贴于洁净无划痕的载物玻璃上(勿产生气泡)，将此玻璃片竖立片刻，除去一定量的透明液，置于 90～100℃的烘箱内，烘烤 10～15 分钟，取出冷却至室温。用本法透明的各蛋白区带鲜明，薄膜平整，可供直接扫描和永久保存(用十氢萘或液态石蜡透明，应将漂洗过的薄膜烘干后进行透明，此法透明过的薄膜不能久藏，且易发生皱褶)。将已透明的薄膜放入全自动光密度计暗箱内，进行扫描分析。

【实验结果】

按照以下公式计算实验结果：

$$各组分蛋白(\%) = \frac{A_x}{A_T} \times 100\%$$

$$各组分蛋白(g/L) = 各组分蛋白(\%) × 血清总蛋白(g/L)$$

A_T 表示各组分蛋白吸光度的总和；A_x 表示各组分蛋白(清蛋白，α_1-球蛋白、α_2-球蛋白、β-球蛋白和 γ-球蛋白)的吸光度。

【注意事项】

(1) 点样前沿要平，点样好坏是电泳图谱是否清晰的关键。

(2) 点样量要控制好，少则区带不清，多则有拖尾现象。

(3) 电泳槽的正、负极与电泳仪的正、负极分别连接，注意不要接错。

【思考题】

(1) 简述醋酸纤维薄膜电泳原理及优点。

(2) 造成电泳图谱不整齐的原因有哪些？

实验六　血清总蛋白测定(双缩脲法)

【实验目的】

(1) 学会双缩脲法测定总蛋白(TP)的基本原理及注意事项。

(2) 熟悉双缩脲法测定总蛋白的操作步骤。

(3) 了解血清总蛋白测定的特点。

【实验原理】

血清中蛋白质的肽键(-CO-NH-)在碱性溶液中能与二价铜离子(Cu^{2+})作用生成稳定的紫红色的络合物,此反应与两分子尿素缩合后生成的双缩脲($H_2N-OC-NH-CO-NH_2$)在碱性溶液中与Cu^{2+}作用形成紫红色物质的反应相似,故称之为双缩脲反应。这种紫红色的络合物在540 nm处有明显的吸收峰,吸光度在一定浓度范围内与血清TP含量成正比,经与同样处理的蛋白标准液比较,即可求得血清TP的含量。

【实验用品】

6.0 mol/L的NaOH溶液、双缩脲试剂、双缩脲空白试剂、60~70 g/L的蛋白质标准液、生化质控血清、自动生化分析仪或分光光度计、水浴箱。

【操作步骤】

(1) 自动生化分析仪法:按商品试剂盒说明书提供的参数进行操作。

(2) 手工操作法:按表6-1加入试剂,混匀,置于37℃的环境中10分钟,将试剂空白管调零,在540 nm的波长处比色读取各管吸光度值(A值)并计算。

表6-1　双缩脲法测定血清总蛋白的操作步骤

加入物	试剂空白管	标本空白管	标准管	质控管	测定管
双缩脲试剂/mL	5.0	—	5.0	5.0	5.0
双缩脲空白试剂/mL	—	5.0	—	—	—
蒸馏水/μL	100	—	—	—	—
蛋白标准液/μL	—	—	100	—	—
质控血清/μL	—	—	—	5.0	—
待测血清/μL	—	100	—	—	100

【实验结果】

按照以下公式计算实验结果：

$$\text{血清 TP(g/L)} = \frac{A\text{测定管} - A\text{标本空白管}}{A\text{标准管}} \times \text{标准蛋白液浓度(g/L)}$$

【注意事项】

(1) 双缩脲反应并非是蛋白质特有的颜色反应。凡分子内含有 2 个或 2 个以上肽键 (-CO-NH-)的化合物均可呈现双缩脲反应。

(2) 双缩脲法显色反应和蛋白质中肽键数成正比关系，与蛋白质的种类、分子量及氨基酸的组成无明显关系。

(3) 标本空白管可有效地消除黄疸、严重溶血、葡聚糖、酚酞等对本方法的干扰。

【思考题】

(1) 什么是双缩脲试剂？试述该试剂中各成分的作用。

(2) 简述双缩脲法测定总蛋白的操作步骤。

实验七　酶的专一性

【实验目的】

学会实验所用试剂的配制。

熟悉酶的专一性实验过程。

了解验证酶的专一性的方法，即酶对底物的选择性。

【实验原理】

淀粉酶催化淀粉水解，生成麦芽糖和少量葡萄糖，它们均属于还原性糖，可使班氏试剂中的二价铜离子(Cu^{2+})还原成亚铜，生成砖红色的氧化亚铜(Cu_2O)沉淀。但是，淀粉酶不能催化蔗糖水解，而蔗糖本身不是还原糖，故不与班氏试剂产生颜色反应。

【实验用品】

1．试剂

(1) 1%的淀粉溶液：取可溶性淀粉 1g，加入 5 mL 蒸馏水，调成糊状，再加入 80 mL 蒸馏水，加热并不断搅拌，使其充分溶解，放置冷却，最后用蒸馏水稀释至 100 mL。

(2) 1%的蔗糖溶液。

(3) pH 值为 6.8 的缓冲液：取 0.2 mol/L 的 Na_2HPO_4 溶液 772 mL，0.1 mol/L 柠檬酸溶液 228 mL，混合后即成。

(4) 班氏试剂：溶解结晶硫酸铜($CuSO_4$；$5H_2O$)17.3 g 于 100 mL 热的蒸馏水中，冷却后，稀释至 150 mL，此为第一液。取柠檬酸钠 100 g 加水 600 mL 加热溶解，冷却后稀释至 850 mL，此为第二液。最后把第一液慢慢倒入第二液中，混匀后即成。

2．器材

10 mm × 100 mm 的试管、试管架、蜡笔、恒温水浴、沸水浴。

【操作步骤】

(1) 稀释唾液制备：将痰咳尽，用水漱口(去除食物残渣、洗涤口腔)，含蒸馏水约 30 mL 于口中，作咀嚼运动，2 分钟后吐入烧杯中备用(不同人甚至同一人在不同时间所采集的唾液中淀粉的活性均不一样，结果会有差别，若想得到满意结果，应事先确定稀释倍数)。

(2) 煮沸唾液的制备：取上述稀释唾液约 5 mL，放入沸水浴中煮沸 5 分钟，取出备用。

(3) 取 3 支试管，标号，按表 7-1 加入试剂。

表 7-1　酶的专一性实验各种试剂的用量

管序	缓冲液(pH6.8)	淀粉溶液(1%)	蔗糖溶液(1%)	稀释唾液	煮沸唾液
1	20 滴	10 滴	—	5 滴	—
2	20 滴	10 滴	—	—	5 滴
3	20 滴	—	10 滴	5 滴	—

(4) 将各管摇匀后，放置于 37℃ 的水浴中保温 10 分钟，取出各管加班氏试剂 20 滴，置于沸水浴中煮沸，观察结果。

【实验结果】

观察颜色反应，分析实验结果。

【注意事项】

新鲜唾液的稀释倍数一般为 200 倍。但是，由于不同人或者同一人不同时间采集的唾液内淀粉酶的活性并不相同，有时差别很大，稀释倍数可以达到 50～300 倍，甚至超出此范围。因此，应事先确定稀释倍数。另外，取唾液时一定要用清水漱口，以免食物残渣进入唾液中。要注意除去唾液里的气泡，避免稀释倍数不准确而影响实验结果，稀释好的新鲜唾液用滤纸过滤后待用。稀释 200 倍的新鲜唾液可用 1% 的淀粉酶代替。

【思考题】

(1) 分别观察 3 支试管的颜色反应，并说明原因。

(2) 根据实验结果，你如何理解酶的专一性？

实验八　影响酶促反应的因素

【实验目的】

(1) 学会测定酶的最适 pH、最适温度。

(2) 熟悉测定影响酶促反应因素的实验方法。

(3) 了解温度、pH 值、激活剂、抑制剂对酶促反应的影响。

【实验原理】

淀粉在淀粉酶的催化下水解，其最终产物是麦芽糖。在水解反应过程中淀粉的分子量逐渐变小，形成若干分子量不等的过渡性产物，称为糊精。向反应系统中加入碘液可检查淀粉的水解程度，淀粉遇碘呈蓝色，麦芽糖对碘不显色。糊精中分子量较大者呈蓝紫色，随着糊精的继续水解，遇碘呈橙红色。

根据颜色反应，可以了解淀粉被水解的程度。在不同温度，不同酸碱度下，唾液淀粉酶的活性不同，淀粉水解程度也不一样。另外，激活剂、抑制剂也能影响淀粉的水解。因此，可以通过与碘反应的颜色判断淀粉被水解的程度，进而了解温度、pH、激活剂和抑制剂对酶促反应的影响。

【实验用品】

1. 试剂

(1) 1%的淀粉溶液。

(2) 稀释唾液的制备。

(3) pH 值为 6.8 的缓冲液。

(4) pH 值为 3.0 的缓冲液：取 0.2 mol/L 的 Na_2HPO_4 溶液 205 mL，0.1 mol/L 的柠檬酸溶液 795 mL，混合后即成。

(5) pH 值为 8.0 的缓冲液：取 0.2 mol/L 的 Na_2HPO_4 溶液 972 mL，0.1 mol/L 的柠檬酸溶液 28 mL，混合即成。

(6) 1%的 NaCl 溶液。

(7) 1%的 $CuSO_4$ 溶液。

(8) 1%的 Na_2SO_4 溶液。

(9) 稀碘溶液：取碘 2g，碘化钾 4g，溶于 1000 mL 蒸馏水中，贮于棕色瓶中。

2. 器材

10 mm × 100 mm 的试管、试管架、恒温水浴、沸水浴、冰浴、蜡笔。

【实验步骤】

1. 温度对酶促反应的影响

(1) 取 3 支试管，编号，每管内各加入 pH 值为 6.8 的缓冲液 20 滴，1%的淀粉 10 滴。

(2) 取第一支试管放入 37℃恒温水浴中，第二支试管放入沸水浴中，第三支试管放入冰浴中。

(3) 各管放置 5 分钟后，分别加稀释唾液 5 滴，再放回原处。

(4) 放置 10 分钟后取出，分别向各管中加入稀碘液 1 滴，观察 3 支管中颜色的区别，说明温度对酶促反应的影响。

2. pH 对酶促反应的影响

(1) 取 3 支试管，编号，按表 8-1 加入试剂。

表 8-1　pH 对酶促反应的影响实验中各种试剂的用量

	缓冲液(pH3.0)	缓冲液(pH6.8)	缓冲液(pH8.0)	淀粉溶液(1%)	稀唾液
1	20 滴	---	—	10 滴	5 滴
2	—	20 滴		10 滴	5 滴
3	—		20 滴	10 滴	5 滴

(2) 将上面各管摇匀放入 37℃的恒温水浴中保温。

(3) 5～10 分钟后，取出各管，分别加入 1 滴稀碘溶液，观察 3 支管颜色的区别，说明 pH 对酶促反应的影响。

3. 激活剂与抑制剂对酶促反应的影响

(1) 取 4 支试管，编号，按表 8-2 加入试剂。

表 8-2　激活剂与抑制剂对酶促反应的影响实验中各种试剂的用量

管序	缓冲液(pH 6.8)	淀粉溶液(1%)	蒸馏水(1%)	NaCl(1%)	$CuSO_4$(1%)	Na_2SO_4	稀唾液
1	20 滴	10 滴	10 滴	—	—		5 滴
2	20 滴	10 滴	—				5 滴
3	20 滴	10 滴	—	10 滴	10 滴	—	5 滴
4	20 滴	10 滴	—			10 滴	5 滴

(2) 将上面各管摇匀放入 37℃的恒温水浴中保温。

(3) 5～10 分钟后，取出各管分别加入稀碘溶液 1 滴，观察各管颜色的区别，说明激活和抑制剂对酶促反应的影响。讨论该实验设计 4 支试管的目的是什么？哪两支试管颜色相同？

【实验结果】

根据颜色反应，分析实验结果。

【注意事项】

(1) 加入酶液后，要充分摇匀，保证酶液与全部淀粉液接触反应，得到理想的颜色梯度变化。

(2) 取液前，应将试管内溶液充分混匀，取出试液后，应立即放回试管中一起保温。

【思考题】

(1) 通过实验，说明酶促反应会受到温度、pH、激活剂与抑制剂怎样的影响？

(2) 本实验是如何通过淀粉液加碘后的颜色的变化来判断酶促反应快慢的？

(3) 通过本实验，结合理论课的学习，总结哪些因素会影响唾液淀粉酶活性？是如何影响的？

实验九　血糖的测定(葡萄糖氧化酶法)

【实验目的】

(1) 学会葡萄糖氧化酶法测定血清葡萄糖的基本原理。

(2) 熟悉葡萄糖氧化酶法测定血清葡萄糖的基本步骤。

(3) 了解葡萄糖氧化酶法测定的注意事项。

【实验原理】

葡萄糖氧化酶(GOD)将葡萄糖氧化为葡萄糖酸内酯和过氧化氢,后者在过氧化物酶(POD)和色素原性氧受体的存在下,将过氧化氢分解为水和氧,同时使色素原性氧受体4-氨基安替比林和酚去氢缩合为红色醌类化合物,即 Trinder 反应。其颜色深浅在一定范围内与葡萄糖的含量成正比,与同样处理的标准管比较,即可求出标本中葡萄糖的浓度。反应式如下:

$$葡萄糖+O_2+2H_2O \xrightarrow{\text{GOD}} 葡萄糖酸内酯+2H_2O_2$$
$$2H_2O_2+4\text{-氨基安替比林}+酚 \rightarrow 红色醌类化合物$$

【实验用品】

0.1 mol/L 的磷酸盐缓冲液、酶试剂、酚溶液、酶酚混合试剂、12 mmol/L 的苯甲酸溶液、100 mmol/L 的葡萄糖标准贮存液、5 mmol/L 的葡萄糖标准应用液、生化分析仪或分光光度计、恒温水浴箱。

【实验步骤】

(1) 自动分析法:按仪器说明书的要求进行测定。

(2) 手工操作法:按表 9-1 加入试剂。

表 9-1　葡萄糖氧化酶法测定血糖操作步骤

加入物	空白管	标准管	质控管	测定管
蒸馏水/μL	20	—	—	—
葡萄糖标准应用液/μL	—	20	—	—
质控血清/μL	—	—	20	—
血清/μL	—	—	—	20
酶酚混合试剂/mL	3.0	3.0	3.0	3.0

混匀，置于 37℃的水浴中保温 15 分钟，使用分光光度计，在波长 505 nm 处，用空白管调零，分别读取各支管的吸光度(A)。

【实验结果】

按照以下公式计算实验结果：

$$血清葡萄糖(mmol/L) = \frac{测定管吸光度值}{标准管吸光度值} \times 标准液浓度$$

【注意事项】

(1) 葡萄糖氧化酶法可用于直接测定脑脊液中葡萄糖的含量，但不能直接测定尿液中葡萄糖的含量。

(2) 测定标本使用血清或以草酸钾-氟化钠为抗凝剂的血浆。

(3) 严重黄疸、溶血及乳糜样血清应先制备无蛋白血滤液，然后再进行测定。

(4) 标本置于室内大约每小时葡萄糖会降低 5%，因此采血后应立即测定。

【思考题】

(1) 试述葡萄糖氧化酶法测定血清葡萄糖的基本原理和血糖测定的临床意义。

(2) 何为 Trinder 反应？有哪些因素会影响该反应？如何克服？

实验十　　尿糖的定性测定(班氏试剂法)

【实验目的】

学会初步进行尿糖定性检验的方法。

【实验原理】

血液中的葡萄糖称为血糖,在生理状态下,浓度相当恒定。正常人空腹时静脉血糖浓度为 3.3~5.6 mmol/L(葡萄糖氧化酶法),临床上将空腹血糖浓度超过 7.2~7.6 mmol/L 称为高血糖。当血糖浓度超过 8.9 mmol/L 时,由于超过了肾糖阈,可出现糖尿(尿液中的葡萄糖)。

尿糖检查是早期诊断糖尿病最简单的方法,可通过班氏试剂法定性分析。班氏试剂是一种浅蓝色的化学试剂,在热的碱性溶液中,与葡萄糖的醛基反应,后者能将班氏试剂中的二价铜离子还原成亚铜,生成砖红色的氧化亚铜(Cu_2O)沉淀。根据沉淀颜色变化可判断患者尿液中的葡萄糖含量。

【实验用品】

人体新鲜尿液、无水硫酸铜、柠檬酸钠、无水碳酸钠、试管、酒精灯、试管夹、火柴、量筒、移液器、滴管、分光光度计、比色皿。

【实验步骤】

(1) 班氏试剂:取无水硫酸铜 1.47 g,溶于 100 mL 热水中,冷却后将其稀释到 150 mL;取柠檬酸钠 173 g,无水碳酸钠 100 g 和 600 mL 水共热,溶解后冷却并加水至 850 mL,再将冷却的 150 mL 硫酸铜倾入即可。

(2) 操作步骤:

① 在试管中加入 2 毫升(mL)班氏试剂,加热到沸腾,如不变色,则可使用。

② 再在试管中滴入 4 滴(约 0.2 mL)新鲜澄清的尿液,摇匀。

③ 加热上述混合液到沸腾,并持续 2 分钟。

④ 冷却后,观察试管内混合液颜色是否发生了变化,是否有沉淀物产生。

⑤ 按表 10-1 提示作出判断并记录。

表 10-1　结果记录标准

反 应 结 果	约含糖量(g/%)	符号
仍呈蓝色		−
仅于冷却后有少量绿色沉淀		+−
煮沸 2 分钟有少量绿黄色沉淀(以绿为主)	<0.5 %	+
煮沸 1 分钟有较多黄绿色沉淀(以黄为主)	0.5～1 %	++
煮沸 15 秒有土黄色沉淀	1～2 %	+++
开始煮沸时即有棕红色沉淀	>2 %	++++

【实验结果】

结果判断详见表 10-1。

【注意事项】

(1) 班氏试剂和尿液混合液的比例应为 10∶1。

(2) 如是糖尿病人，检验前两三天最好停止服药。

(3) 正常人的尿液中只含微量葡萄糖(少于 0.02%)，一般定性检验不能检出。一旦出现尿糖应及时请医生检查原因，并予以治疗。

【思考题】

(1) 简述班氏试剂法定性分析尿糖的原理。

(2) 什么是班氏试剂？如何配置班氏试剂？

实验十一　　血清尿素氮含量测定(二乙酰一肟法)

【实验目的】

(1) 掌握二乙酰一肟法测定血清尿素氮含量的原理和方法。

(2) 了解血中尿素氮含量变化的生理意义。

【实验原理】

血液中非蛋白质含氮化合物包括尿素、尿酸、肌酐、胆红素及氨等。其中尿素含量占 $1/3 \sim 1/2$。尿素是体内氨基酸分解代谢的最终产物之一。氨基酸通过脱氨基作用生成氨,氨具有细胞毒性,运输到肝细胞后生成尿素,因此,尿素的生成是机体解除氨中毒的方式之一。肝脏合成的尿素,随尿液排出体外。故测定血清尿素氮含量可作为衡量肾脏功能的指标,并且其增高程度与肾脏病变的严重程度呈正相关。尿素氮的测定临床上常用邻苯二甲醛法、酶偶联速率法、二乙酰一肟法等来实现,本实验采用二乙酰一肟法。

血清中的尿素在氨基硫脲的存在下,与二乙酰一肟在酸性溶液中混合加热,经铁离子的催化缩合生成 3-羟-5,6-二甲基和 1,2,4-三嗪红色化合物。其颜色深浅与尿素含量呈正比,与同样处理的尿素标准液比色,即可求得血清中尿素的含量。

【实验用品】

1. 试剂

(1) 尿素氮标准液(200 mg/L):准确称量尿素 428.6 mg,置于 1000 mL 的容量瓶中,加纯净水定容至刻度线,混匀,在 4℃下保存。

(2) 尿素显色液:A 液:取纯净水 800 mL,置于烧杯中,缓缓加入浓硫酸 50 mL,磷酸 50 mL,再加入 10%的三氯化铁溶液 0.05 mL,混匀,转移到 1000 mL 的容量瓶中,加纯净水定容,混匀。B 液:称取氨基硫脲 0.4 g,二乙酰一肟 2.0 g,加入纯净水溶解,再定容至 1000 mL,置于棕色瓶内避光保存。将 A 液和 B 液等量混合后,在 4℃下保存。

2. 器材

721 型分光光度计、恒温水浴箱、微量移液器、容量瓶、试管。

【实验步骤】

(1) 取 3 支试管,编号,按表 11-1 所示的步骤操作。

表 11-1　血清尿素氮含量测定的操作步骤 (单位：mL)

试剂	空白管	标准管	测定管
尿素氮标准液	—	0.1	—
血清	—	—	0.1
纯净水	0.1	—	—
尿素显色液	6.0	6.0	6.0

(2) 混匀后，置于沸水浴中 10 min，取出后置于室温冷却。使用分光光度计，在 520 nm 波长处，用空白管调节浓度为 100%，测定标准管和测定管的吸光度值。

【实验结果】

按下面公式计算血清尿素氮的含量：

$$血清尿素氮(mg/dL) = \frac{测定管吸光度(A_{520nm})}{测定管吸光度(A_{520nm})} \times 20$$

血清尿素氮的正常值参考范围为 90~200 mg/L(3.2~7.1 mmol/L)。

【注意事项】

(1) 此法灵敏度高，用量极微，加样时必须准确，否则实验误差大。

(2) 虽然试剂中含有氨基硫脲，但仍有轻度褪色现象(每小时小于 5%)，故加热显色冷却后，应及时比色。

(3) 本法线性范围可达 400 mg/L 尿素氮，即吸光度可达到 0.7。如果测试标本浓度过高，必须用生理盐水作适当稀释后重测，然后乘以稀释倍数即为结果。

(4) 世界卫生组织推荐用 mmol/L 尿素表示，但我国仍习惯用尿素氮(mg/L 或 mmol/L)表示，二者换算关系是，1 mmol/L 尿素氮 = 1/2 mmol/L 尿素，1mg/L 尿素氮 = 2.14 mg/L 尿素。

【思考题】

(1) 血清尿素氮的检测有何临床意义？

(2) 影响二乙酰一肟法检测血清尿素氮的因素有哪些？

实验十二 血清总胆固醇测定(酶法)

【实验目的】

掌握血清总胆固醇测定的方法(酶法)与临床意义。

【实验原理】

血清胆固醇的含量是动脉粥样硬化性疾病防治、临床诊断和营养研究的重要指标。正常人血清胆固醇含量范围为 100～250 mg/mL。

胆固醇是环戊烷多氢菲的衍生物,它不仅参与血浆蛋白的组成,而且也是细胞的必要结构成分,还可以转化成胆汁酸盐、肾上腺皮质激素和维生素 D 等。胆固醇在体内以游离胆固醇(30%)及胆固醇酯(70%)两种形式存在,统称总胆固醇。总胆固醇的测定有化学比色法和酶法两类。本实验采用酶法。

血清胆固醇经酯化酶(CHE)水解后,生成游离胆固醇和脂肪酸(FFA);在胆固醇氧化酶(COD)的作用下,游离胆固醇产生的 H_2O_2 与 4-氨基安替比林(4-AAP)和酚反应生成红色的醌亚胺(Trinder 反应)。醌亚胺在波长为 520 nm 时有特异吸收,反应产生的颜色与胆固醇含量成正比。反应原理如下:

$$胆固醇酯 + H_2O \xrightarrow{\text{CHE}} 胆固醇 + 游离脂肪酸$$

$$胆固醇 + O_2 \xrightarrow{\text{COD}} \Delta^4 - 胆甾烯酮 + H_2O_2$$

$$2H_2O_2 + 4 - AAP + 酚 \xrightarrow{\text{POD}} 醌亚胺(红色化合物) + 4H_2O$$

【实验用品】

1. 试剂

试剂盒包含试剂 R1 和 R2 以及标准液。

R1: 磷酸盐缓冲液   pH 7.40
     对氯酚   3.5 mmol/L

R2: 4-氨基安替比林   0.3 mmol/L
     胆固醇氧化酶   ≥500 U/L
     胆固醇酯酶   ≥2000 U/L

过氧化物酶	≥2000 U/L
标准液：胆固醇	5.2 mmol/L

2. 器材

移液器、一次性采血针、采血管、消毒面签、碘酒等采血器材、分光光度计、比色皿。

【实验步骤】

(1) 取样：静脉采血。

(2) 测样：具体步骤参照试剂盒说明书，按下表向采血管中加入试剂。

加入物	空白管	标准管	样品管
工作试剂/mL	1	1	1
标准液/μL	—	10	—
样品/μL	—	—	10

充分混合，在37℃的水浴中加热15 min，使用520 nm波长比色测定。

【实验结果】

将测定结果代入下列公式计算：

$$样品浓度 = \frac{样品管吸光度}{标准管吸光度} \times 5.2 \text{ mmol/L}$$

【注意事项】

(1) 样本要求必须为空腹静脉血(并要求患者在前日禁食高脂食物)。

(2) 及时分离血清，应无溶血、无乳糜。

(3) 为防止标准液污染，应在2～8℃下密封保存。

(4) 比色测定时，测完一份标本后应冲洗比色杯。

(5) 样品的活性超出可测线性范围的上限时，需进行确认实验，即将该样品用生理盐水稀释，再将测定结果乘以稀释倍数。

(6) 本法具有氧化酶反应的共同缺陷，易受一些还原性物质如尿酸、胆红素、维生素等的干扰。

【思考题】

(1) 简述酶法测定血清总胆固醇的原理和临床意义。

(2) 简述酶法测定血清总胆固醇的基本实验步骤。

实验十三　尿酮体的定性测定

【实验目的】

掌握尿酮体定性测定的方法和临床意义。

【实验原理】

尿酮体是尿液中乙酰乙酸(占 20%)、β-羟丁酸(占 78%)及丙酮(占 2%)的总称。酮体是机体脂肪氧化代谢产生的中间代谢产物，当糖代谢发生障碍、脂肪分解增高，酮体产生速度超过机体组织利用速度时，可出现酮血症，酮体血浓度一旦越过肾阈值，就会产生酮尿。

目前，尿酮体定性测定作为尿常规检测项目，通常采用干化学法，其原理是在碱性条件下，亚硝基铁氰化钠可与尿液中的乙酰乙酸、丙酮起反应，试剂发生由黄色到紫色的颜色变化，颜色的深浅与酮体的含量成正比。

【实验用品】

新鲜尿液、尿液分析仪、尿液分析试纸条。

【实验步骤】

(1) 样本的准备：取新鲜尿液备用。

(2) 试剂的检查：仪器开机后，检查各种试剂的位置、体积、批号等，确认无误后方可进行测定。

(3) 操作方法：测定样本项目必须在仪器校准通过的情况下进行，具体方法参照尿液分析仪操作说明。

【实验结果】

仪器自动打印结果。

【注意事项】

(1) 采集尿液标本时，盛尿液的容器必须清洁干燥，要求留取中段尿。

(2) 由于标本中的丙酮和乙酰乙酸具有挥发性及试剂的不稳定性，尿酮体的检测方法均有可能产生假阴性结果，因此，新鲜尿标本以及阴性和阳性对照是获得可靠结果的重要保证。

(3) 大量细菌繁殖可使乙酰乙酸转变为丙酮；但在室温下保存时，丙酮易丢失，因此应密闭冷藏保存以避免挥发，但在实验时标本应置于室温中恢复温度后再进行检测。

【思考题】

简述干化学法定性测定尿酮体的原理和临床意义。

实验十四　血清钾、钠的测定

【实验目的】

学会离子选择电极仪测定血清钾、钠的方法。

熟悉离子选择电极仪的原理、使用方法和日常维护保养的知识。

了解血清钾、钠测定的临床意义。

【实验原理】

离子选择电极法是以测定电池的电位为基础的定量分析方法。将钾、钠、氯离子选择电极和一个参比电极连接起来，置于待测的电解质溶液中形成测量电池。当被选择离子与电极膜接触反应时，电位计电路中的电位会立即发生变化，产生电位差。电位差的大小和溶液中的离子活度呈正比，亦与离子浓度呈正比。检测时首先加入样本测其电位，然后加入标准液测其电位，二者之差和样本中的离子浓度和它们在标准液中的浓度之比存在对数关系，根据 Nernst 方程式可计算出样本中的离子浓度。

【实验用品】

离子选择电极仪、厂家配套试剂(电极活化液)、高浓度斜度液、低浓度斜度液。

【实验步骤】

(1) 开启仪器，清洗管道。

(2) 用适合本仪器的低、高值斜率液进行两点定标。

(3) 间接法的样品由仪器自动稀释后再进行测定，直接法可将样本直接吸入管道进行测定。

(4) 测定结果由仪器内微处理器计算后进行打印，表 14-1 为钠、钾离子在不同样本中的参考值。

(5) 实验结束后，清洗电极和管道后再关机。

表 14-1　钠、钾离子在不同样本的中的参考值

标本	钠	钾	氯化物
血清	135～145	3.5～5.5	96～108
尿液	130～260	25～100	170～250
脑脊液	—	—	120～132

【实验结果】

由微电脑处理并打印结果。

【注意事项】

(1) 所有样本都在室温下保存，样本采集后应尽快(1 小时内)测定。

(2) 在样本测量中，要注意样本管道内的样本不能有气泡存在。

(3) 应严格按时进行仪器的日常维护和保养。

(4) 仪器安装要平稳，避免震动，避免阳光直射以及潮湿。

【思考题】

(1) 简述离子选择电极法测定钾、钠的原理。

(2) 简述测定血清钾、钠的临床意义。

(3) 怎样正确使用和维护离子选择电极仪?

第二部分

生物化学习题

第一章　绪　　论

一、单项选择题

1. 生物化学研究的主要内容是(　　)。
　　A. 机体的化学组成及化学变化　　B. 机体的物理变化
　　C. 机体的病理变化　　　　　　　D. 机体的异常变化
　　E. 机体的正常活动规律

2. 生命活动最基本的特征是(　　)。
　　A. 物质代谢　　　　　　　B. 能量代谢　　　　　　C. 新陈代谢
　　D. 生殖　　　　　　　　　E. 兴奋性

3. DNA 双螺旋结构模型是于(　　)年提出的。
　　A. 1953　　　　　　　　　B. 1986　　　　　　　　C. 1968
　　D. 1981　　　　　　　　　E. 2001

4. 生物遗传的物质基础是(　　)。
　　A. 蛋白质　　　　　　　　B. 核酸　　　　　　　　C. 糖类
　　D. 脂类　　　　　　　　　E. 氨基酸

5. 动态生物化学阶段主要研究(　　)。
　　A. 生物体的物质组成　　　B. 物质代谢及调节　　　C. 物质结构
　　D. 物质与新陈代谢的关系　E. 遗传信息的传递与表达

6. 生物化学阶段主要研究(　　)。
　　A. 生物体的物质组成　　　　B. 物质代谢及调节
　　C. 物质结构与功能　　　　　D. 物质与新陈代谢的关系
　　E. 遗传信息的传递与表达

7. 胰岛素的一级结构是在(　　)年由 Sanger 测定的。
　　A. 1953　　　　　　　　　B. 1986　　　　　　　　C. 1968
　　D. 1981　　　　　　　　　E. 2001

8. 生物体主要由(　　)元素组成。
　　A. C、H、O、P　　　　　　B. C、H、O、N　　　　C. C、H、S、N
　　D. C、P、O、N　　　　　　E. C、S、O、P

二、名词解释

1. 生物化学
2. 新陈代谢

三、填空题

1. 生物化学是研究生物体的_____、_____以及生命活动过程中_____的基础生命科学。

2. 生物化学的发展可大致分为三个阶段，即_____、_____、_____。

3. 生物体主要由_____、_____、_____、_____四种元素组成，各种元素以一定的化学键构成约_____种构建分子。

4. 新陈代谢包括_____和_____，两者互为条件、相互依存，紧密联系在一起。_____是生命的基本特征之一。

四、简答题

1. 简述生物化学的研究内容。
2. 举例说明生物化学与健康的关系。

第二章　蛋白质的结构与功能

一、单项选择题

1. 天然蛋白质中不存在的氨基酸是(　　)。
   A. 半胱氨酸　　　　　　　　B. 谷氨酸　　　　　　C. 鸟氨酸
   D. 蛋氨酸　　　　　　　　　E. 丝氨酸

2. 下列属于疏水性氨基酸的是(　　)。
   A. 苯丙氨酸　　　　　　　　B. 半胱氨酸　　　　　C. 苏氨酸
   D. 谷氨酸　　　　　　　　　E. 组氨酸

3. 维系蛋白质一级结构的化学键是(　　)。
   A. 氢键　　　　　　　　　　B. 盐键　　　　　　　C. 疏水键
   D. 二硫键　　　　　　　　　E. 肽键

4. 下列属于酸性氨基酸的是(　　)。
   A. 半胱氨酸　　　　　　　　B. 苏氨酸　　　　　　C. 苯丙氨酸
   D. 谷氨酸　　　　　　　　　E. 组氨酸

5. 下列不属于维系蛋白质三级结构的化学键是(　　)。
   A. 盐键　　　　　　　　　　B. 氢键　　　　　　　C. 范德华力
   D. 肽键　　　　　　　　　　E. 疏水键

6. 变性蛋白质的主要特点是(　　)。
   A. 不易被蛋白酶水解　　　　B. 分子量降低　　　　C. 溶解性增加
   D. 生物学活性丧失　　　　　E. 共价键被破坏

7. 对蛋白质的描述中，正确的是(　　)。
   A. 变性蛋白质的溶液黏度下降　　B. 变性蛋白质不易被消化
   C. 蛋白质沉淀不一定是变性　　　D. 蛋白质变性后容易形成结晶
   E. 蛋白质变性二硫键不会被破坏

8. 下列不属于空间结构的是(　　)。
   A. 蛋白质一级结构　　　B. 蛋白质二级结构　　C. 蛋白质三级结构
   D. 蛋白质四级结构　　　E. 单个亚基结构

9. 蛋白质水解时，(　　)被破坏。
   A. 一级结构　　　　　　B. 二级结构　　　　　C. 三级结构
   D. 四级结构　　　　　　E. 空间结构

二、多项选择题

1. 下列氨基酸中，含有手性碳原子的是(　　)。

    A. 谷氨酸   B. 甘氨酸   C. 半胱氨酸

    D. 赖氨酸   E. 组氨酸

2. 下列关于肽键性质和组成的叙述中，错误的是(   )。

    A. 由 $C_{\alpha1}$ 和 C-COOH 组成   B. 由 $C_{\alpha1}$ 和 $C_{\alpha2}$ 组成   C. 由 C_α 和 N 组成

    D. 肽键有一定程度的双键性质   E. 肽键可以自由旋转

三、名词解释

1. 肽键

2. 蛋白质的等电点

3. 蛋白质的沉淀

四、填空题

1. 人体蛋白质的平均含氮量为_____，据此可对蛋白质_____。

2. 蛋白质分子的基本组成单位是_____，共_____种。

3. 根据氨基酸的结构、性质不同，可将其分为_____、_____、_____、_____四种。

4. 蛋白质的二级结构主要有_____、_____结构。

五、简答题

1. 何为蛋白质变性？影响变性的因素有哪些？

2. 蛋白质变性后，为什么水溶性会降低？

3. 简述原核 RNA 生物合成的主要途径。

第三章　核酸化学

一、单项选择题

1. 遗传的物质基础是(　　)。
   A. 核酸 　　　　　　　　　B. 核苷酸 　　　　　　　　C. 蛋白质
   D. 氨基酸 　　　　　　　　E. 糖类

2. 脱氧核糖核酸是指(　　)。
   A. NA 　　　　　　　　　　B. DNA 　　　　　　　　　C. RNA
   D. AA 　　　　　　　　　　E. ATP

3. 核糖核酸是指(　　)。
   A. ATP 　　　　　　　　　B. AA 　　　　　　　　　　C. Pro
   D. DNA 　　　　　　　　　E. RNA

4. 核酸的平均含磷量约为(　　)。
   A. 16% 　　　　　　　　　B. 10% 　　　　　　　　　C. 9.5%
   D. 15% 　　　　　　　　　E. 8.5%

5. 鸟嘌呤的缩写是(　　)。
   A. A 　　　　　　　　　　B. G 　　　　　　　　　　C. C
   D. T 　　　　　　　　　　E. U

6. 脱氧腺苷酸是指(　　)。
   A. dAMP 　　　　　　　　B. dGMP 　　　　　　　　C. dCMP
   D. dTMP 　　　　　　　　E. dUMP

7. DNA 中有但 RNA 中没有的碱基是(　　)。
   A. A 　　　　　　　　　　B. C 　　　　　　　　　　C. G
   D. T 　　　　　　　　　　E. U

8. RNA 中有但 DNA 中没有的碱基是(　　)。
   A. A 　　　　　　　　　　B. C 　　　　　　　　　　C. G
   D. T 　　　　　　　　　　E. U

9. 核酸的基本组成单位是(　　)。
   A. 核苷 　　　　　　　　　B. 核苷酸 　　　　　　　　C. 戊糖
   D. 磷酸和戊糖 　　　　　　E. 磷酸核

10. 嘌呤和戊糖形成糖苷键，其彼此连接的位置是(　　)。
    A. N_9-C_1 　　　　　　　B. N_1-C_1 　　　　　　C. N_3-C_1
    D. N_7-C_1 　　　　　　　E. N_9-C_3

11. 嘧啶和戊糖形成糖苷键,其彼此连接的位置是(　　)。

　　A. N_9-C_1　　　　　　　　B. N_1-C_1　　　　　　　　C. N_3-C_1

　　D. N_7-C_1　　　　　　　　E. N_9-C_3

12. 核酸分子中含量比较稳定的元素是(　　)。

　　A. C　　　　　　　　　　B. H　　　　　　　　　　C. O

　　D. N　　　　　　　　　　E. P

13. 核酸分子中各单核苷酸间的主要连接键是(　　)。

　　A. 3′,5′-磷酸二酯键　　　　B. 5′,3′-磷酸二酯键

　　C. 2′,5′-磷酸二酯键　　　　D. 5′,2′-磷酸二酯键

　　E. 1′,5′-磷酸二酯键

14. 核酸的最大紫外吸收峰是(　　)。

　　A. 280 nm　　　　　　　　B. 270 nm　　　　　　　C. 260 nm

　　D. 250 nm　　　　　　　　E. 240 nm

15. 维系 DNA 双螺旋稳定的最主要的力是(　　)。

　　A. 氢键　　　　　　　　　B. 盐键　　　　　　　　C. 疏水键

　　D. 范德华力　　　　　　　E. 碱基堆积力

16. 关于 DNA 分子中碱基组成的定量关系错误的是(　　)。

　　A. A=T　　　　　　　　　B. C=G　　　　　　　　C. A+T=C+G

　　D. A+C=T+G　　　　　　　E. A+G=T+C

17. 生物体中含量最多的 RNA 是(　　)。

　　A. rRNA　　　　　　　　　B. tRNA　　　　　　　　C. mRNA

　　D. hnRNA　　　　　　　　E. snRNA

18. tRNA 的三级结构是(　　)。

　　A. 倒 L 形　　　　　　　　B. 三叶草形　　　　　　C. 多茎环

　　D. 双螺旋　　　　　　　　E. 超螺旋

二、名词解释

1. 增色效应　　　　　　　　　2. 减色效应

三、填空

1. 核酸可分为_____和_____。

2. 核酸的元素组成特点为含磷量平均为_____左右。

3. 核酸的基本组成单位为_____。核苷酸的组成成分包括:_____、_____、_____。

4. DNA 一级结构是指核苷酸链上的_____,主键为_____。

5. 碱基互补配对原则是指 A 与____配对,G 与____配对。

6. RNA 的主要类型包括_____、_____、_____。

四、简答题

1. 列表比较 DNA 和 RNA 的主要区别。

2. 简述 DNA 二级结构的基本特点。

第四章　酶

一、单项选择题

1. 下列有关酶的论述正确的是(　　)。
   A. 酶在体内不能更新 　　　　　　　B. 体内所有具有催化活性的物质都是酶
   C. 酶的底物都是有机化合物 　　　　D. 酶能改变反应的平衡点
   E. 酶是在活细胞内合成的具有催化作用的蛋白质

2. 酶的辅酶是(　　)。
   A. 与酶蛋白结合紧密的金属离子
   B. 分子结构中不含维生素的小分子有机化合物
   C. 在催化反应中不与酶的活性中心结合
   D. 在反应中作为底物传递质子、电子或其它基团
   E. 与酶蛋白共价结合成多酶体系

3. 国际酶学委员会将酶分为六类的依据是(　　)。
   A. 酶的物理性质 　　　　　　B. 酶的结构 　　　　　　C. 酶的来源
   D. 酶促反应的性质 　　　　　E. 酶的化学组成

4. 下列不属于酶催化高效率的因素的是(　　)。
   A. 对环境变化敏感 　　　　　B. 共价催化 　　　　　　C. 靠近及定向
   D. 微环境影响 　　　　　　　E. 酸碱催化

5. 酶的特异性是指(　　)。
   A. 酶与辅酶特异的结合 　　　　　　B. 酶对其所催化的底物有特异的选择性
   C. 酶在细胞中的定位是特异性的 　　D. 酶催化反应的机制各不相同
   E. 在酶的分类中各属不同的类别

6. 有关酶的活性中心的论述正确的是(　　)。
   A. 酶的活性中心是指能与底物特异性结合并把底物转换为产物的必需基团
   B. 酶的活性中心是由一级结构上相互临近的基团组成的
   C. 酶的活性中心在与底物结合时不应发生构象改变
   D. 没有或不能形成活性中心的蛋白质不是酶
   E. 酶的活性中心外的必需基团也参与对底物的催化作用

7. 酶原激活的实质是(　　)。
   A. 激活剂与酶结合使酶激活
   B. 酶蛋白的别构效应
   C. 酶原分子的空间构象发生了变化而一级结构不变

    D．酶原分子的一级结构发生改变从而形成或暴露出活性中心

    E．酶原分子的特异性发生了改变

8．有关同工酶的叙述，正确的是(　　)。

    A．它们催化相同的化学反应   B．它们的分子结构相同

    C．它们的理化性质相同   D．它们催化不同的化学反应

    E．它们的差别是翻译后化学修饰不同的结果

9．下列(　　)符合"诱导契合"学说。

    A．酶与底物的关系如同锁钥关系

    B．酶活性中心有可变性，在底物的影响下其空间构象要发生一定的改变，才能与底物进行反应

    C．底物的结构朝着适应活性中心方向改变而酶的构象不发生改变

    D．底物类似物不能诱导酶分子构象的改变

    E．酶的构象朝着适应活性中心方向改变而底物的结构不发生改变

10．影响酶促反应速度的因素不包括(　　)。

    A．底物浓度   B．酶的浓度   C．反应环境的 pH

    D．反应温度   E．酶原的浓度

11．关于 Km 值的意义，不正确的是(　　)。

    A．Km 是酶的特性常数   B．Km 值与酶的结构有关

    C．Km 值与酶所催化的底物有关

    D．Km 值等于反应速度为最大速度一半时的酶的浓度

    E．Km 值等于反应速度为最大速度一半时的底物的浓度

12．下列温度对酶促反应速度的影响正确的是(　　)。

    A．温度升高反应速度加快，与一般催化剂完全相同

    B．低温可使大多数酶发生变性

    C．最适温度是酶的特性常数，与反应进行的时间无关

    D．最适温度不是酶的特性常数，延长反应时间，其最适温度降低

    E．高温不会导致酶变性

13．关于 pH 对酶促反应速度影响的论述，错误的是(　　)。

    A．pH 影响酶、底物或辅助因子的解离度，从而影响酶促反应速度

    B．最适 pH 是酶的特性常数

    C．最适 pH 不是酶的特性常数

    D．pH 过高或过低可使酶发生变性

    E．最适 pH 是酶促反应速度最大时环境的 pH

14．有关竞争性抑制剂的论述，错误的是(　　)。

    A．结构与底物相似   B．与酶的结合是可逆的   C．与酶非共价结合

    D．抑制程度只与抑制剂的浓度有关   E．与底物竞争酶的活性部位

15．有关非竞争性抑制作用的论述，正确的是(　　)。

    A．不改变酶促反应的最大速度   B．改变表观 Km 值

    C．酶与底物、抑制剂可同时结合，但不影响其释放出产物

D. 抑制剂与酶结合后，不影响酶与底物的结合

E. 与酶的活性中心结合

16. 关于酶的抑制剂的叙述，正确的是(　　)。

A. 酶的抑制剂中的一部分是酶的变性剂

B. 酶的抑制剂只与活性中心上的基团结合

C. 酶的抑制剂均能使酶促反应速度下降

D. 酶的抑制剂一般是大分子物质

E. 酶的抑制剂只与活性中心外的基团结合

二、多项选择题

1. 底物浓度很高时，实验结果是(　　)。

A. 所有的酶均被底物所饱和，反应速度不再因底物浓度的增加而加大

B. 此时增加酶的浓度仍可提高反应速度

C. 此时增加酶的浓度也不能再提高反应速度

D. 反应速度达到最大反应速度，即使加入激活剂也不再提高反应速度

E. 反应速度达到最大反应速度，但加入激活剂仍可再增大反应速度

2. 酶催化作用的机制可能是(　　)。

A. 临近效应与定向作用　　　　B. 酶与底物锁-匙式的结合

C. 共价催化作用　　　　　　　D. 酸碱催化作用　　　　　E. 表面效应

3. 关于酶的抑制剂的论述，正确的是(　　)。

A. 使酶的活性降低或消失而不引起酶变性的物质都是酶的抑制剂

B. 蛋白酶使酶水解而引起酶的活性消失，所以蛋白水解酶是酶的抑制剂

C. 丙二酸是琥珀酸脱氢酶的竞争性抑制剂

D. 过多的产物可使酶促反应出现逆向反应，也可视为酶的抑制剂

E. 在酶的共价修饰中，有的酶被磷酸酶脱磷酸后活性消失，此磷酸酶可视为酶的抑制剂

4. 关于酶的激活剂的论述，正确的是(　　)。

A. 使酶由没活性变为有活性或使酶活性增加的物质称为酶的激活剂

B. 酶的辅助因子都是酶的激活剂

C. 凡是使酶原激活的物质都是酶的激活剂

D. 酶的活性所必需的金属离子是酶的激活剂

E. 在酶的共价修饰中，有的酶被磷酸激酶磷酸化后活性增加此磷酸激酶可视为酶的激活剂

5. 以下需要在细胞合成后经过酶原激活才能发挥作用的酶是(　　)。

A. 蛋白水解酶　　　　　　　B. 凝血酶　　　　　　　　C. 纤维蛋白溶解酶

D. 胰蛋白酶　　　　　　　　E. 胰岛素

6. 以下属于竞争性抑制作用的药物是(　　)。

A. 磺胺　　　　　　　　　　B. 氨甲蝶呤　　　　　　　C. 5-氟尿嘧啶

D. 哇巴因　　　　　　　　　E. 6-巯基嘌呤

三、名词解释

1. 酶的活性中心
2. 专一性
3. 酶原
4. 全酶
5. 米氏常数

四、填空题

1. 酶是_____产生的，是具有催化活性的_____。
2. 结合酶是由_____和_____两部分组成的，其中任何一部分都_____催化活性，只有_____才有催化活性。
3. 竞争性抑制剂使酶促反应的 km_____而 Vmax_____。
4. pH 对酶活力的影响，主要是由于它_____和_____。
5. 温度对酶作用的影响是双重的：①_____②_____。
6. 影响酶促反应速度的因素有_____、_____、_____、_____、_____、_____。

五、简答题

1. 影响酶促反应的因素有哪些？它们各有什么影响？
2. 酶原为何无活性？酶原激活的原理是什么？有何生理意义？
3. 酶的必需基团有哪几种？各有什么作用？

六、论述题

1. 举例说明酶作用的三种特异性。
2. 酶与一般催化剂相比有何异同？

第五章　维　生　素

一、单项选择题

1. 多晒太阳可预防(　　)。
   - A. 夜盲症
   - B. 佝偻病
   - C. 坏血病
   - D. 脚气病
   - E. 巨幼红细胞性贫血

2. 维生素 K 缺乏时会发生(　　)。
   - A. 凝血因子合成障碍症
   - B. 血友病
   - C. 贫血
   - D. 溶血
   - E. 红细胞增多症

3. 泛酸是(　　)生化反应中酶所需的辅酶成分。
   - A. 脱羧作用
   - B. 乙酰化作用
   - C. 脱氢作用
   - D. 还原作用
   - E. 氧化作用

4. 下列(　　)的缺乏会导致丙酮酸聚积。
   - A. 磷酸吡哆醛
   - B. VC
   - C. VB_1
   - D. 叶酸
   - E. 生物素

5. 维生素 C 的生化作用是(　　)。
   - A. 只作供氢体
   - B. 既作供氢体又作受氢体
   - C. 只作受氢体
   - D. 是呼吸链中的递氢体
   - E. 是呼吸链中的递电子体

6. 食用生鸡蛋清可造成(　　)吸收障碍。
   - A. 钴氨素
   - B. 泛酸
   - C. 生物素
   - D. 维生素 B_2
   - E. 核黄素

7. 下列有关维生素的叙述(　　)是错误的。
   - A. 是维持正常功能所必需
   - B. 是体内能量的来源
   - C. 在许多动物体内不能合成
   - D. 体内需要量少,但必须由食物供给
   - E. 它们的化学结构彼此各不相同

8. 能与视蛋白结合形成视紫红质的物质是(　　)。
   - A. 11-顺型视黄醛
   - B. 全反型视黄醛
   - C. 全反型 VA
   - D. 11-顺型 VA
   - E. 以上都不是

9. 体内参与叶酸转变成四氢叶酸的辅助因子有(　　)。
   - A. 维生素 C 和 NADPH
   - B. 维生素 B_{12}
   - C. 维生素 C 和 NADH
   - D. 泛酸
   - E. 维生素 PP

10. 脚气病是由于缺乏(　　)所致。
    - A. 胆碱
    - B. 乙醇胺
    - C. 硫胺素

　　D．丝氨酸　　　　　　　　　　E．丙酮

11．磷酸吡哆醛参与(　　)。

　　A．脱氨基作用　　　　　　　B．羧化作用　　　　　　　C．酰胺化作用

　　D．转甲基作用　　　　　　　E．转氨基作用

12．含有金属元素的维生素是(　　)。

　　A．维生素 B_1　　　　　　　　B．维生素 B_2　　　　　　C．维生素 B_6

　　D．维生素 B_{12}　　　　　　　E．叶酸

13．儿童缺乏维生素 D 时易患(　　)。

　　A．佝偻病　　　　　　　　　B．癞皮病　　　　　　　　C．恶性贫血

　　D．骨质软化症　　　　　　　E．坏血病

14．CoASH 的生化作用是(　　)。

　　A．递氢体　　　　　　　　　B．递电子体　　　　　　　C．转移酮基

　　D．转移酰基　　　　　　　　E．脱硫

15．胆管阻塞可造成(　　)的缺乏。

　　A．维生素 A　　　　　　　　B．维生素 B_1　　　　　　C．维生素 B_2

　　D．维生素 B_6　　　　　　　E．维生素 C

16．维生素 D 的活性形式是(　　)。

　　A．25-(OH)D_3　　　　　　　B．1，25-(OH)$_2D_3$　　　　C．24，25-(OH)$_3D_3$

　　D．24，25-(OH)$_2D_3$　　　　E．25-(OH)$_2D_3$

17．维生素 B_2 的活性形式是(　　)。

　　A．核黄素　　　　　　　　　B．FMN 和 FAD　　　　　C．$FMNH_2$ 和 $FADH_2$

　　D．NAD^+　　　　　　　　　E．$NADH+H^+$

18．与红细胞分化成熟有关的维生素是(　　)。

　　A．维生素 B_1 和叶酸　　　　B．维生素 B_1 和遍多酸　　C．维生素 B_{12} 和叶酸

　　D．维生素 B_{12} 和遍多酸　　E．遍多酸和叶酸

19．某人工喂养的婴儿出现消化不良、心力衰竭、四肢无力、下肢水肿等症状，最可能是缺乏(　　)。

　　A．维生素 A　　　　　　　　B．维生素 B_1　　　　　　C．维生素 C

　　D．维生素 D　　　　　　　　E．维生素 E

20．长期素食可能会造成缺乏的维生素有(　　)。

　　A．维生素 A　　　　　　　　B．生物素　　　　　　　　C．尼克酸

　　D．维生素 D　　　　　　　　E．维生素 B_{12}

二、多项选择题

1．下列属于脂溶性维生素的是(　　)。

　　A．维生素 K　　　　　　　　B．维生素 C　　　　　　　C．维生素 E

　　D．维生素 A　　　　　　　　E．维生素 PP

2．下列属于水溶性维生素的有(　　)。

　　A．维生素 B_6　　　　　　　　B．维生素 D　　　　　　　C．维生素 K

D. 维生素 C　　　　　　　　　　E. 维生素 PP

3. 以下叙述中，正确的是(　　)。

A. 胶原合成需要维生素 C 参加

B. 维生素 C 能使 α 肽链上的脯氨酸及赖氨酸残基羟化

C. 维生素 C 能使 Fe^{2+} 不被氧化

D. 上述两残基羟化需要 Fe^{2+}、O_2 及 α -酮戊二酸参加

E. 维生素 C 氧化成脱氢抗坏血酸

4. 若提供的能量和蛋白质均足够多，正常人可以完全自行合成的维生素有(　　)。

A. 维生素 A　　　　　　B. 生物素　　　　　　C. 尼克酸

D. 维生素 D　　　　　　E. 维生素 B_{12}

5. 下列具有抗氧化作用的物质是(　　)。

A. 维生素 A　　　　　　B. 维生素 C　　　　　　C. 维生素 D

D. 维生素 E　　　　　　E. 胡萝卜素

6. 脂溶性维生素储存的主要部位是(　　)。

A. 肠道　　　　　　　　B. 肾脏　　　　　　　　C. 肝脏

D. 脑组织　　　　　　　E. 脂肪组织

三、简答题

1. 叶酸缺乏时为什么会引起巨幼红细胞性贫血？

2. 维生素 C 有何生理功能？

3. 维生素 B_1 缺乏可引起什么症状？

4. 简述维生素 A 的生化作用及其缺乏症。

四、论述题

1. 维生素如何进行分类？分为哪几类？各包括哪些维生素？

2. 引起维生素缺乏的原因有哪些？

第六章 糖 代 谢

一、单项选择题

1. 1分子葡萄糖完全进行糖酵解净生成 ATP(   )。
   A. 1分子　　　B. 2分子　　　　　C. 10分子　　　　　D. 32分子　　　　E. 38分子

2. 1 mol 葡萄糖完全进行糖的有氧氧化可生成 ATP(   )。
   A. 1 mol　　　B. 2 mol　　　　　C. 10 mol　　　　　D. 24 mol　　　　E. 38 mol

3. 1分子乙酰 CoA 完全进行三羧酸循环可生成 ATP(   )。
   A. 1分子　　　B. 2分子　　　　　C. 10分子　　　　　D. 30分子　　　　E. 38分子

4. 1 mol 葡萄糖经糖的有氧氧化过程可生成乙酰 CoA(   )。
   A. 1 mol　　　B. 2 mol　　　　　C. 3 mol　　　　　D. 4 mol　　　　E. 5 mol

5. 糖原合成过程中最主要的关键酶是(   )。
   A. 磷酸葡萄糖变位酶　　　　B. UDPG 焦磷酸化酶　　　　　C. 糖原合酶
   D. 磷酸化酶　　　　　　　　E. 分支酶

6. 糖原分解过程中最主要的关键酶是(   )。
   A. 己糖激酶　　　　　　　　B. 葡萄糖-6-磷酸酶　　　　　C. 磷酸果糖激酶
   D. 糖原合成酶　　　　　　　E. 磷酸化酶

7. 糖酵解过程的最终产物是(   )。
   A. 丙酮酸　　　　　　　　　B. 葡萄糖　　　　　　　　　C. 果糖
   D. 乳糖　　　　　　　　　　E. 乳酸

8. 糖有氧氧化的最终产物是(   )。
   A. 柠檬酸　　　　　　　　　B. 乳酸　　　　　　　　　　C. 丙酮酸
   D. 乙酰 CoA　　　　　　　　E. CO_2+H_2O+ATP

9. 经 1 次磷酸戊糖途径代谢可生成(   )。
   A. 1分子 $NADH+H^+$　　　B. 2分子 $NADH+H^+$
   C. 1分子 $NDPH+H^+$　　　D. 2分子 $NADPH+H^+$　　　　E. 2分子 CO_2

10. 1分子乙酰 CoA 经三羧酸循环共有(   )次底物水平磷酸化。
    A. 1　　　　B. 2　　　　C. 3　　　　　D. 4　　　　　E. 5

11. 1分子乙酰 CoA 经三羧酸循环共有(   )次脱氢反应。
    A. 1　　　　B. 2　　　　C. 3　　　　　D. 4　　　　　E. 5

12. 磷酸戊糖途径的限速酶是(   )。
    A. 己糖激酶　　　　　　　　B. 葡萄糖-6-磷酸酶　　　　　C. 磷酸果糖激酶
    D. 葡萄糖-6-磷酸脱氢酶　　　E. 磷酸化酶

13. 1 分子乙酰 CoA 经三羧酸循环共有(　　)次脱羧反应。

    A. 1　　　　　　B. 2　　　　　　　C. 3　　　　　　D. 4　　　　　　E. 5

14. 糖异生的主要器官是(　　)。

    A. 脾　　　　　　B. 肺　　　　　　　C. 心　　　　　　D. 肝　　　　　　E.肌肉

15. 正常人空腹时的血糖浓度为(　　)。

    A. 3.89~6.11 mmol/L　　　　B. 3.89~6.11 mol/L　　　　C. 3.89~8.89 mmol/L

    D. 6.11~8.89 mmol/L　　　　E. 3.89~6.11 mmol/mL

16. 肾糖的阈值为(　　)。

    A. 3.89 mmol/L　　　　　　B. 6.89 mmol/L　　　　　　C. 8.89 mmol/L

    D. 10.0 mmol/L　　　　　　E. 10.89 mmol/L

17. 三羧酸循环中 α-酮戊二酸在 α-酮戊二酸脱氢酶系的催化下生成了(　　)。

    A. 异柠檬酸　　　　　　　B. 琥珀酰 CoA　　　　　　C. 延胡索酸

    D. α-酮戊二酸　　　　　　E. 苹果酸

18. 三羧酸循环中琥珀酸在琥珀酸脱氢酶的催化下生成了(　　)。

    A. 柠檬酸　　　　　　　　B. 琥珀酰 CoA　　　　　　C. 延胡索酸

    D. α-酮戊二酸　　　　　　E. 草酰乙酸

19. 三羧酸循环中异柠檬酸在异柠檬酸脱氢酶的催化下生成了(　　)。

    A. 乙酰 CoA　　　　　　　B. 琥珀酰 CoA　　　　　　C. 延胡索酸

    D. α-酮戊二酸　　　　　　E. 苹果酸

20. 在肝细胞中，催化葡萄糖磷酸使其化为 6-磷酸葡萄糖的酶是(　　)。

    A. 葡萄糖激酶　　　　　　B. 果糖磷酸酶　　　　　　C. 丙酮酸激酶

    D. 丙酮酸脱氢酶复合体　　E. 6-磷酸葡萄糖脱氢酶

21. 蚕豆病是由于(　　)的遗传性缺陷所致。

    A. 葡萄糖激酶　　　　　　B. 磷酸果糖激酶　　　　　C. 丙酮酸激酶

    D. 丙酮酸脱氢酶复合体　　E. 6-磷酸葡萄糖脱氢酶

22. 催化磷酸烯醇式丙酮酸使其转化为丙酮酸的酶是(　　)。

    A. 己糖激酶　　　　　　　B. 磷酸果糖激酶　　　　　C. 丙酮酸激酶

    D. 丙酮酸脱氢酶复合体　　E. 6-磷酸葡萄糖脱氢酶

23. 糖异生的主要部位是(　　)。

    A. 肝　　　B. 肾　　　C. 肌肉　　　D. 脑　　　E. 骨髓

24. 己糖激酶有四种同工酶，Ⅳ专一性强称为葡萄糖激酶，存在于(　　)中。

    A. 肾　　　B. 肝　　　C. 肌肉　　　D. 小肠　　　E. 脑

25. 蚕豆病又名(　　)。

    A. 急性溶血性贫血　　　　B. 镰刀状红细胞性贫血　　　　C. 缺铁性贫血

    D. 巨幼红细胞性贫血　　　E. 小细胞低色素性贫血

二、多项选择题

1. 糖酵解中的关键酶有(　　)。

    A. 己糖激酶　　　　　　　B. 柠檬酸合成酶　　　　　　C. 磷酸果糖激酶

　　　　D．异柠檬酸脱氢酶　　　　　E．丙酮酸激酶

2．三羧酸循环中的关键酶有(　　)。
　　　　A．葡萄糖激酶　　　　　　　B．柠檬酸合成酶　　　　　C．磷酸果糖激酶
　　　　D．异柠檬酸脱氢酶　　　　　E．α-酮戊二酸脱氢酶系

3．糖的分解代谢包括(　　)。
　　　　A．无氧酵解　　　　　　　　B．有氧氧化　　　　　　　C．糖原合成
　　　　D．糖异生　　　　　　　　　E．糖原分解

4．丙酮酸脱氢酶复合体的辅助因子包括(　　)。
　　　　A．维生素 B_1　　　　　　　B．硫辛酸　　　　　　　　C．泛酸
　　　　D．维生素 B_2　　　　　　　E．维生素 PP

5．以下属于三羧酸循环产能途径的是(　　)。
　　　　A．苹果酸→草酰乙酸　　　　　　　　B．异柠檬酸→α-酮戊二酸
　　　　C．α-酮戊二酸→琥珀酰 CoA　　　　　D．琥珀酰 CoA→琥珀酸
　　　　E．琥珀酸→延胡索酸

6．在三羧酸循环中脱羧反应的部位是(　　)。
　　　　A．柠檬酸→异柠檬酸　　　　　　　　B．异柠檬酸→α-酮戊二酸
　　　　C．α-酮戊二酸→琥珀酰 CoA　　　　　D．琥珀酰 CoA→琥珀酸
　　　　E．琥珀酸→延胡索酸

7．糖异生的生理意义有(　　)。
　　　　A．维持血糖恒定　　　　　B．再利用乳酸，补充肝糖原　　C．调节酸碱平衡
　　　　D．加快葡萄糖分解　　　　E．补充肌糖原

8．血糖的来源有(　　)。
　　　　A．食物中的糖　　　　　　B．肝糖原分解　　　　　　C．糖异生
　　　　D．转变为其它物质　　　　E．氧化功能

9．血糖的去路有(　　)。
　　　　A．糖异生　　　　　　　　B．氧化功能　　　　　　　C．合成糖原
　　　　D．转变为其它物质　　　　E．尿糖

10．升高血糖的激素有(　　)。
　　　　A．胰高血糖素　　　　　　B．糖皮质激素　　　　　　C．肾上腺素
　　　　D．生长素　　　　　　　　E．胰岛素

11．胰岛素降低血糖的作用机制有(　　)。
　　　　A．促进葡萄糖进入肌肉、脂肪组织等细胞内
　　　　B．促进糖原合成，抑制糖原分解
　　　　C．增加丙酮酸脱氢酶活性，加快糖的有氧氧化
　　　　D．减少肝糖异生的原料，抑制肝内糖异生
　　　　E．减少脂肪动员，促进葡萄糖转变为脂肪

12．低血糖的常见原因有(　　)。
　　　　A．饥饿或不能进食　　　　　　B．胰岛细胞功能亢进，胰岛素分泌过多
　　　　C．严重肝疾患，肝功能低下　　D．内分泌功能异常

E．垂体功能或肾上腺皮质功能低下

13．低血糖患者常出现(　　)。

A．头晕　　　B．心悸　　　C．出冷汗　　　D．手颤　　　E．倦怠无力

三、填空题

1．人体内的糖主要是_____和_____。

2．糖在体内的主要功能是_____，人体每日大约所需能量_____，是由糖氧化分解供给的。

3．人体内糖的氧化分解代谢途径主要有_____、_____、_____。

4．糖无氧氧化的关键酶有_____、_____、_____。

5．三羧酸循环的关键酶有_____、_____、_____。

6．糖原合成的关键酶是_____；糖原分解的关键酶是_____。

7．正常人空腹时血糖浓度为_____。

8．糖异生的主要场所是_____，其次是_____。

9．降低血糖浓度的激素是_____，升高血糖浓度的激素有_____、_____、_____。

10．人体内调节血糖浓度的主要器官是_____。

四、简答题

1．简述糖酵解途径的基本过程及特点。

2．简述血糖的来源和去路。

五、论述题

1．试述糖有氧氧化的基本过程、特点及意义。

2．试述糖异生的生理意义。

第七章　脂类代谢

一、单项选择题

1. 长期饥饿时体内能量的主要来源是(　　)。
   A．泛酸　　　　　　　B．磷脂　　　　　　C．葡萄糖
   D．胆固醇　　　　　　E．甘油三酯
2. 脂肪动员的产物是(　　)。
   A．甘油　　　　　　　B．3-磷酸甘油　　　C．3-磷酸甘油醛
   D．1,3-二磷酸甘油酸　E．2,3-二磷酸甘油酸
3. 生成酮体的中间反应是(　　)。
   A．丙酮酸羧化　　　　B．乙酰 CoA 缩合　　C．糖原分解
   D．黄嘌呤氧化　　　　E．糖原合成
4. 利用酮体时所需的辅助因子是(　　)。
   A．维生素 B_1　　　　B．NADPH+　　　　C．辅酶 A
   D．生物素　　　　　　E．维生素 B_6
5. 三羧酸循环中草酰乙酸的来源是(　　)。
   A．丙酮酸羧化　　　　B．乙酰 CoA 缩合　　C．糖原分解
   D．黄嘌呤氧化　　　　E．糖原合成
6. 胆固醇不能转变为(　　)。
   A．维生素 D_3　　　　B．雄激素　　　　　C．雌激素
   D．醛固酮　　　　　　E．胆色素
7. 下列属于营养必需的脂肪酸的是(　　)。
   A．软脂酸　　　　　　B．亚麻酸　　　　　C．硬脂酸
   D．油酸　　　　　　　E．十二碳脂肪酸
8. 各型高脂蛋白血症中不增高的脂蛋白是(　　)。
   A．HDL　　　　　　　B．IDL　　　　　　C．CM
   D．VLDL　　　　　　E．LDL
9. 运输内源性甘油三酯的脂蛋白是(　　)。
   A．IDL　　　　　　　B．VLDL　　　　　C．LDL
   D．CM　　　　　　　E．HDL

二、多项选择题

1. 下列关于脂肪酸 β-氧化的叙述，正确的是(　　)。
   A．酶系存在于线粒体中　　B．不发生脱水反应

C. 需要 FAD 及 NAD^+ 为受氢体

D. 脂肪酸的活化是一个必要的步骤

E. 每进行一次 β-氧化产生 2 分子乙酰 CoA

2. 关于脂肪在体内氧化分解过程的叙述，正确的是(　　)。

A. β-氧化中的受体为 FAD 及 NAD^+

B. 含 16 个碳原子的软脂酸经过了 8 次 β-氧化

C. 脂肪酰辅酶 A 需转运入线粒体

D. 脂肪酸首先要活化生成脂肪酰 CoA

E. β-氧化的 4 步反应为脱氢、加水、再脱氢和硫解

三、名词解释

1. 必须脂肪酸

2. 脂肪动员

3. 酮体

四、填空题

1. 胆固醇和磷脂合成的共同代谢场所是_____。

2. 脂肪酸分解过程中，长链脂酰 CoA 进入线粒体需由_____携带；脂肪酸合成过程中，线粒体的乙酰 CoA 出线粒体时需与_____结合成_____。

3. 脂肪酸的合成主要在_____中进行，合成原料中的供氢体是_____，它主要来自_____。

4. 酮体包括_____、_____和_____。酮体主要在_____以_____为原料合成，并在_____被氧化利用。

五、简答题

1. 乙酰 CoA 有哪些来源与去路？

2. 含三个软脂酸的三酰甘油酯彻底氧化为 CO_2 和 H_2O，可生成多少 ATP？

六、论述题

常吃鸡蛋的人容易产生轻度酮体症，请说明原因。

第八章 生 物 氧 化

一、单项选择题

1. 人体内的 CO_2 来自( )。
    A. 碳原子被氧原子氧化　　B. 呼吸链的氧化还原过程　　C. 有机酸的脱羧
    D. 糖原的分解　　E. 真脂分解

2. 关于氧化磷酸化作用机制，目前得到较多支持的学说是( )。
    A. 化学偶联学说　　B. 结构偶联学说　　C. 化学渗透学说
    D. 诱导契合学说　　E. 锁钥结合学说

3. 各种细胞色素在呼吸链中传递电子的顺序是( )。
    A. $a \rightarrow a_3 \rightarrow b \rightarrow c_1 \rightarrow c \rightarrow 1/2O_2$　　B. $b \rightarrow a \rightarrow a_3 \rightarrow c_1 \rightarrow c \rightarrow 1/2O_2$
    C. $c_1 \rightarrow c \rightarrow b \rightarrow a \rightarrow a_3 \rightarrow 1/2O_2$　　D. $c \rightarrow c_1 \rightarrow aa_3 \rightarrow b \rightarrow 1/2O_2$
    E. $b \rightarrow c_1 \rightarrow c \rightarrow aa_3 \rightarrow 1/2O_2$

4. 胞浆中每 mol $NADH^+H^+$ 经过磷酸甘油穿梭作用参加氧化磷酸化产生的 ATP 的摩尔数为( )。
    A. 1　　B. 2　　C. 3　　D. 4　　E. 5

5. 人体活动主要的直接供能物质是( )。
    A. 葡萄糖　　B. 脂肪酸　　C. 磷酸肌酸　　D. GTP　　E. ATP

6. 下列属呼吸链中的递氢体的是( )。
    A. 细胞色素　　B. 尼克酰胺　　C. 黄素蛋白
    D. 铁硫蛋白　　E. 细胞色素氧化酶

7. 下列关于生物氧化的叙述正确的是( )。
    A. 呼吸作用只有在有氧时才能发生
    B. 2，4-二硝基苯酚是电子传递的抑制剂
    C. 生物氧化在常温常压下进行
    D. 生物氧化快速而且一次可放出大量的能量
    E. 生物氧化过程没有能量的转化

8. 肝细胞液中的 NADH 进入线粒体的机制是( )。
    A. 肉碱穿梭　　B. 柠檬酸-丙酮酸循环　　C. α-磷酸甘油穿梭
    D. 苹果酸-天冬氨酸穿梭　　E. 丙氨酸-葡萄糖循环

9. ATP 的贮存形式是( )。
    A. 磷酸烯醇式丙酮酸　　B. 磷脂酰肌醇　　C. 肌酸

D. 磷酸肌酸　　　　　　　　E. GTP

10. P/O 的比值是指(　　)。

A. 每消耗一分子氧所需消耗无机磷的分子数

B. 每消耗一分子氧所需消耗无机磷的克数

C. 每消耗一分子氧所需消耗无机磷的克原子数

D. 每消耗一分子氧所需消耗无机磷的原子数

E. 每消耗一分子氧所需消耗无机磷的克分子数

11. 呼吸链存在于(　　)中。

A. 胞液　　　　　　B. 线粒体外膜　　　　　C. 线粒体内膜

D. 线粒体基质　　　E. 细胞色素氧化酶

12. 关于生物氧化的特点描述错误的是(　　)。

A. 氧化环境温和　　　B. 在生物体内进行　　　C. 能量逐步释放

D. 耗氧量、终产物和释放的能量与体外氧化相同

E. CO_2 和 H_2O 是由碳和氢直接与氧结合生成的

13. 呼吸链中能直接将电子传给氧的物质是(　　)。

A. CoQ　　　B. Cyt b　　　C. 铁硫蛋白　　　D. Cyt aa_3　　　E. Cyt c

二、多项选择题

1. 苹果酸和天冬氨酸的穿梭作用可以(　　)。

A. 生成 3 个 ATP　　　　　　B. 将线粒体外 NADH 所带的氢转运入线粒体

C. 苹果酸和草酰乙酸可自由穿过线粒体内膜

D. 谷氨酸和天冬氨酸可自由穿过线粒体膜

E. 生成 2 个 ATP

2. 下列关于解偶联剂的叙述正确的是(　　)。

A. 可抑制氧化反应　　　B. 使 ATP 减少　　　C. 使呼吸加快，耗氧增加

D. 使氧化反应和磷酸反应脱节　　　E. 使 ATP 大量产生

3. 在呼吸链中，用于传递电子的成分是(　　)。

A. 烟酰胺脱氢酶类　　　B. 黄素脱氢酶类　　　C. 铁硫蛋白类

D. 细胞色素类　　　E. 辅酶 Q 类

4. 不能携带胞液中的 NADH 进入线粒体的物质是(　　)。

A. 肉碱　　　　　　B. 草酰乙酸　　　C. α-磷酸甘油

D. 天冬氨酸　　　　E. 苹果酸

5. 胞液中的 NADH 通过(　　)机制进入线粒体。

A. α-磷酸甘油穿梭作用　　　B. 苹果酸-天冬氨酸穿梭作用　　　C. 直接进入

E. 柠檬酸-丙酮酸穿梭作用　　　D. 草酰乙酸-丙酮酸穿梭作用

6. 下列属于高能磷酸化合物的是(　　)。

A. 磷酸肌酸　　　　B. 2,3-BPG　　　C. 氨甲酰磷酸

D. 磷酸烯醇式丙酮酸　　　E. 过氧化氢

7. 呼吸链中氧化磷酸化偶联的部位是(　　)。

A．NADH→CoQ　　　　　B．FADH→CoQ　　　　　C．CoQ→Cytc

D．Cytaa$_3$→O$_2$　　　　　E．FAD→CoQ

三、填空题

1．ATP 的产生有两种方式，一种是_____，另一种是_____。

2．呼吸链的主要成分为_____、_____、_____、_____和_____。

3．物质的氧化方式包括_____、_____和_____。

4．线粒体内存在的两条呼吸链是_____和_____。

5．代谢物脱下的氢通过 NADH 氧化呼吸链氧化时，其 P/O 比值是_____。

四、简答题

简述生物氧化过程中水和 CO_2 的生成方式。

第九章　氨基酸代谢

一、单项选择题

1. 生物体内氨基酸脱氨基的主要方式为(　　)。
   A. 氧化脱氨基　　　　　　　B. 还原脱氨基　　　　　　　C. 直接脱氨基
   D. 转氨基　　　　　　　　　E. 联合脱氨基

2. 成人体内氨的最主要代谢去路为(　　)。
   A. 合成非必需氨基酸　　　　B. 合成必需氨基酸　　　　　C. 合成 NH_4^+ 经尿排出
   D. 合成尿素　　　　　　　　E. 合成嘌呤、嘧啶、核苷酸等

3. GPT(ALT)活性最高的组织是(　　)。
   A. 心肌　　　　　　　　　　B. 脑　　　　　　　　　　　C. 骨骼肌
   D. 肝　　　　　　　　　　　E. 肾

4. 在尿素合成过程中，下列(　　)反应需要 ATP。
   A. 鸟氨酸＋氨基甲酰磷酸→瓜氨酸＋磷酸
   B. 瓜氨酸＋天冬氨酸→精氨酸代琥珀酸
   C. 精氨酸代琥珀酸→精氨酸+延胡素酸
   D. 精氨酸→鸟氨酸+尿素
   E. 草酰乙酸+谷氨酸→天冬氨酸＋α-酮戊二酸

5. 氨中毒的根本原因是(　　)。
   A. 肠道吸收氨过量　　　　　　　B. 氨基酸在体内分解代谢增强
   C. 肾功能衰竭导致排出障碍　　　D. 肝功能损伤，不能合成尿素
   E. 合成谷氨酸酰胺减少

6. 体内转运一碳单位的载体是(　　)。
   A. 叶酸　　　B. 维生素 B_{12}　　　C. 硫胺素　　　D. 生物素　　　　E. 四氢叶酸

7. 下列(　　)是生酮兼生糖氨基酸。
   A. 丙氨酸　　　B. 苯丙氨酸　　　C. 丝氨酸　　　D. 羟脯氨酸　　　E. 亮氨酸

8. 鸟氨酸循环过程中，合成尿素的第二分子氨来源于(　　)。
   A. 游离氨　　　　　　　　B. 谷氨酰胺　　　　　　　C. 天冬酰胺
   D. 天冬氨酸　　　　　　　E. 氨基甲酰磷酸

9. 下列物质中(　　)是体内氨的储存及运输形式。(　　)
   A. 谷氨酸　　　　　　　　B. 酪氨酸　　　　　　　　C. 谷氨酰胺
   D. 谷胱甘肽　　　　　　　E. 天冬酰胺

10. 白化症是由于先天性缺乏(　　)。

　　A．酪氨酸转氨酶　　　　　　B．苯丙氨酸羟化酶　　　　C．酪氨酸酶

　　D．尿黑酸氧化酶　　　　　　E．对羟苯丙氨酸氧化酶

11．以下氨基酸除了(　　)外都是必需氨基酸。

　　A．苏氨酸　　B．苯丙　　C．甲硫氨酸　　D．酪氨酸　　E．高氨酸

12．能直接进行氧化脱氨基作用的氨基酸是(　　)。

　　A．天冬氨酸　　B．缬氨酸　　C．谷氨酸　　D．丝氨酸　　E．丙氨酸

13．一碳基团不包括(　　)。

　　A．-CH＝NH　　B．-CH$_3$　　C．-CHO　　D．CO$_2$　　E．-CH$_2$-OH

14．含 GPT 最多的器官是(　　)。

　　A．胰脏　　　　B．心脏　　　C．肝脏　　　D．肾脏　　　E．血清

15．有关鸟氨酸的循环，下列说法(　　)是错的。

　　A．循环作用部位是肝脏线粒体

　　B．氨基甲酰磷酸合成所需的酶存在于肝脏线粒体中

　　C．尿素由精氨酸水解而得

　　D．每合成 1mol 尿素需消耗 4 个高能磷酸键

　　E．循环中生成的瓜氨酸不参与天然蛋白质合成

16．一碳单位的载体是(　　)。

　　A．二氢叶酸　　B．四氢叶酸　　C．生物素　　D．焦磷酸硫胺素　　E．硫辛酸

17．血氨主要来源于(　　)。

　　A．氨基酸脱氨基作用　　　　　　　　B．氨基酸在肠道细菌作用下产生

　　C．尿素在肠道细菌脲素酶水解产生　　D．肾小管谷氨酰胺的水解

　　E．胺类的分解

18．(　　)脱羧后能生成使血管扩张的活性物质。

　　A．赖氨酸　　B．谷氨酸　　C．精氨酸　　　　D．组氨酸　　E．谷氨酰胺

二、多项选择题

1．人体内提供一碳单位的氨基酸有(　　)。

　　A．甘氨酸　　B．亮氨酸　　C．色氨酸　　D．组氨酸　　E．赖氨酸

2．组织之间氨的主要运输形式有(　　)。

　　A．NH$_4$Cl　　B．尿素　　C．丙氨酸　　D．谷氨酰胺　　E．蛋白质

3．一碳单位的主要形式有(　　)。

　　A．-CH＝NH　　B．-CHO　　C．-CH$_2$-　　D．-CH$_3$　　E．碳酸

4．直接参与鸟氨酸循环的氨基酸有(　　)。

　　A．鸟氨酸，瓜氨酸，精氨酸　　B．天冬氨酸　　C．谷氨酸或谷氨酰胺

　　D．N-乙酰谷氨酸　　　　　　　E．赖氨酸

5．血氨(NH$_3$)来自(　　)。

　　A．氨基酸氧化脱下的氨　　　B．肠道细菌代谢产生的氨　　C．尿素转化

　　D．含氮化合物分解产生的氨　　E．转氨基作用生成的氨

6．苯丙氨酸和酪氨酸代谢缺陷时可能导致(　　)。

    A. 白化病　　　B. 尿黑酸症　　　C. 镰刀型贫血　　D. 蚕豆黄　　　E. 血友病

7. 当体内 FH_4 缺乏时，(　　)的合成受阻。

    A. 脂肪酸　　　　　　　　B. 糖原　　　　　　　　C. 嘌呤核苷酸

    D. RNA 和 DNA　　　　　E. 苯丙氨酸羟化酶

三、填空题

1. 蛋白质的腐败作用是肠道细菌本身的代谢过程，有害产物主要有：_____、_____、_____、_____、_____、_____、_____等。

2. 急性肝炎时血清中的_____活性明显升高，心肌梗死时血清中_____活性明显上升。此种检查在临床上可用作协助诊断疾病和预后判断的指标之一。

3. 氨在血液中主要是以_____及_____两种形式被运输。

4. 生成一碳单位的氨基酸有_____、_____、_____、_____。

四、简答题

1. 蛋白质的消化有何生理意义？

2. 简述肠道氨的来源。

五、论述题

试述谷氨酸经代谢可生成哪些物质。

第十章　核苷酸代谢

一、单项选择题

1. 人体内嘌呤核苷酸从头合成的主要器官是(　　)。
   A. 肝脏　　　　　　　　　B. 小肠黏膜　　　　　　C. 骨髓
   D. 胸腺　　　　　　　　　E. 脾脏

2. 嘌呤核苷酸从头合成首先合成的物质是(　　)。
   A. AMP　　　　　　　　　B. GMP　　　　　　　　C. IMP
   D. XMP　　　　　　　　　E. NMP

3. (　　)为嘌呤和嘧啶核苷酸生物合成的共同原料。
   A. 谷氨酸　　　　　　　　B. 甘氨酸　　　　　　　C. 天冬氨酸
   D. 丙氨酸　　　　　　　　E. 天冬酰胺

4. 嘌呤核苷酸从头合成中，嘌呤碱 C_6 来自(　　)。
   A. CO_2　　　　　　　　B. 甘氨酸　　　　　　　C. 天冬酰胺
   D. 一碳单位　　　　　　　E. 谷氨酰胺

5. (　　)不是嘌呤核苷酸从头合成的直接原料。
   A. 甘氨酸　　　　　　　　B. 天冬氨酸　　　　　　C. 谷氨酸
   D. CO_2　　　　　　　　E. 一碳单位

6. 人体嘌呤核苷酸分解代谢的特征性终产物是(　　)。
   A. NH_3　　　　　　　　B. CO_2　　　　　　　C. 黄嘌呤
   D. 次黄嘌呤　　　　　　　E. 尿酸

7. 痛风症的发生是由于(　　)在关节处堆积所引起的。
   A. 氨　　　　　　　　　　B. 尿素　　　　　　　　C. 尿酸
   D. 肌酐　　　　　　　　　E. 肌酸

8. 别嘌呤醇治疗痛风症的机制是能够抑制(　　)。
   A. 腺苷酸脱氢酶　　　　　B. 尿酸氧化酶　　　　　C. 黄嘌呤氧化酶
   D. 鸟嘌呤脱氢酶　　　　　E. 核苷磷酸化酶

9. 自毁容貌征是由于(　　)缺陷引起的。
   A. AGPRT　　　　　　　　B. HGPRT　　　　　　　C. 酪氨酸酶
   D. 酪氨酸羟化酶　　　　　E. 苯丙氨酸羟化酶

二、填空题

1. 核酸的基本组成单位是_____。核苷酸分解可产生_____、_____、_____。

2. 体内从头合成嘌呤核苷酸的主要器官是_____。

3. 嘌呤(嘧啶)核苷酸合成有_____和_____两种途径。

4. 嘌呤核苷酸在体内代谢的终产物是_____。

5. 嘧啶核苷酸从头合成的主要原料包括_____、_____、_____和_____。

6. 嘌呤核苷酸类抗代谢物主要包括_____、_____及_____。

7. 嘧啶核苷酸类抗代谢物主要包括_____、_____及_____。

三、简答题

1. 简述嘌呤核苷酸补救合成途径的意义。

2. 简述抗肿瘤药物的种类和作用机制。

第十一章　基因信息的传递与表达

一、单项选择题

1. DNA 复制的主要方式是(　　)。
   - A. 半保留复制　　　　　　　　B. 全保留复制　　　　　　　C. 滚环式复制
   - D. 混合式复制　　　　　　　　E. D 环复制

2. DNA 聚合酶的共同特点不包括(　　)。
   - A. 以 dNTP 为底物　　　　　　B. 有模板依赖性　　　　　　C. 聚合方向为 $5' \rightarrow 3'$
   - D. 需引物提供 $3'$ 羟基末端　　　　　E. 不耗能

3. 拓扑异构酶的作用是(　　)。
   - A. 解开 DNA 双螺旋使其易于复制
   - B. 使 DNA 解链时不至于缠结　　　　C. 辨认复制起始点
   - D. 使 DNA 异构为 RNA 引物　　　　E. 稳定分开的 DNA 双链

4. 单链 DNA 结合蛋白(SSB)的生理功能不包括(　　)。
   - A. 连接单链 DNA　　　　　　　　　B. 参与 DNA 的复制与修复
   - C. 激活 DNA 聚合酶　　　　　　　　D. 防止单链模板被核酸酶水解
   - E. 防止 DNA 单链重新形成双螺旋

5. 关于 DNA 复制中生成的冈崎片段(　　)。
   - A. 是前导链上形成的短片段　　　　　B. 是滞后链上形成的短片段
   - C. 是前导链的模板链上形成的短片段　　D. 是滞后链的模板链上形成的短片段
   - E. 前导链和滞后链上都可形成短片段

6. 紫外线辐射造成的 DNA 损伤，最易形成的二聚体是(　　)。
   - A. CT　　　　　　　　　　　B. CC　　　　　　　　　　C. TT
   - D. TU　　　　　　　　　　　E. CU

7. DNA 点突变的形式不包括(　　)。
   - A. 重排　　　　　　　　　　B. 转换　　　　　　　　　C. 颠换
   - D. 缺失　　　　　　　　　　E. 插入

8. DNA 的切除修复不包括(　　)。
   - A. 识别　　　　　　　　　　B. 切除　　　　　　　　　C. 修补
   - D. 异构　　　　　　　　　　E. 连接

9. 逆转录的遗传信息流向是(　　)。
   - A. DNA→DNA　　　　　　　B. DNA→RNA　　　　　　C. RNA→DNA
   - D. DNA→蛋白质　　　　　　E. RNA→RNA

10. RNA 合成的原料是(　　)。

    A. dNTP   B. dNDP   C. NMP

    D. NTP   E. NDP

11. 能代表多肽链合成起始信号的遗传密码是(　　)。

    A. UAG   B. GAU   C. AUG

    D. UAA   E. UGA

12. 翻译后的加工修饰不包括(　　)。

    A. 新生肽链的折叠   B. N 端甲酰蛋氨酸或单氨酸的切除

    C. 氨基酸残基侧链的修饰   D. 亚基的聚合

    E. 变构剂引起的分子构象改变

13. 乳糖操纵子的诱导剂是(　　)。

    A. 乳糖   B. 葡萄糖   C. β-半乳糖苷酶

    D. 果糖   E. cAMP

14. 真核生物的结构基因是断裂基因,其转录生成的 hnRNA 在核内经首尾修饰后,再形成套索 RNA 进行剪接,剪接后的产物是(　　)。

    A. tRNA   B. snRNA   C. snRNP

    D. mRNA   E. rRNA

15. DNA 复制时,模板序列 5′-TAGA-3′ 将合成(　　)互补结构。

    A. 5′-TCTA-3′   B. 5′-ATCA-3′   C. 5′-UCUA-3′

    D. 5′-GCGA-3′   E. 5′-TCGA-3′

16. 反密码子位于(　　)。

    A. DNA   B. mRNA   C. rRNA

    D. tRNA   E. 多肽链

17. 关于启动子的叙述,下列(　　)是正确的。

    A. 是 mRNA 开始被翻译的序列

    B. 是开始转录生成的 mRNA 的 DNA 序列

    C. 是产生阻遏物的基因

    D. 是阻遏蛋白结合 DNA 的部位

    E. 是 RNA 聚合酶识别并结合的 DNA 序列

二、多项选择题

1. 下列关于 RNA 生物合成的叙述,正确的是(　　)。

    A. RNA 聚合酶的核心酶能识别转录的起始点

    B. 闭合转录复合体是由 RNA 聚合酶和 DNA 组成的复合物

    C. 转录在胞质进行从而保证了翻译的进行

    D. DNA 双链中的一股单链是转录模板

    E. 合成 RNA 引物

2. 真核生物 mRNA 转录后的加工方式有(　　)。

    A. 在 3′ 端加 poly(A)尾   B. 切除内含子,拼接外显子

    C. 加 5′ 端的帽子结构　　　　　D. 加接 CCA 的 3′ 末端

    E. 去掉启动子

3.(　　)可造成转录终止。

    A. ρ 因子参与

    B. δ 因子参与

    C. 在 DNA 模板终止部位有特殊的碱基序列

    D. 在 RNA 链 3′ 端出现茎环结构

    E. 在 RNA 链 3′ 端出现寡聚 U 与模板结合能力小

4. 真核生物的 tRNA(　　)。

    A. 在 RNA-pol Ⅲ催化下生成

    B. 转录后 5′ 端加 CCA 尾

    C. 转录后修饰形成多个稀有碱基(I、DHU、ψ)

    D. 5′ 端加 m^7GpppN 帽子

    E. 二级结构呈三叶草型

5. 真核生物的 rRNA(　　)。

    A. 单独存在时无生理功能，需与蛋白质结合为核蛋白体发挥作用

    B. 在 RNA-pol Ⅰ 作用下合成 rRNA 前体

    C. 45S-rRNA 剪切为 5.8S、18S、28S 三种 rRNA

    D. 45S-rRNA 与蛋白质结合为核蛋白体

    E. 转录后加工在细胞核仁内进行

三、填空题

1. DNA 复制时，连续合成的链称为_____链；不连续合成的链称为_____链。

2. DNA 复制时，子链 DNA 合成的方向是_____，DNA 链合成的酶是_____。

3. DNA 复制时亲代模板链与子代合成链的碱基配对原则是：A 与____配对；G 与_____配对。

   4. DNA 半保留复制是指复制生成两个子代 DNA 分子，其中一条链是_____，另有一条链是_____。

   5. 真核生物 mRNA 的 5′ 末端有一个帽子结构是_____，3′ 末端有一个尾巴是_____。

   6. 通过逆转录作用生成的 DNA 称为_____。

   7. 肽链延伸包括_____、_____和_____三个步骤。

四、名词解释

1. 中心法则

2. 冈崎片段

3. 外显子

4. 前导链

5. 基因突变

五、简答题

1. 试述遗传信息传递的中心法则。
2. 简述 RNA 转录的基本过程。
3. 简述遗传密码的特点。

六、论述题

1. 简述原核生物基因表达调控的特点。
2. 简述真核生物基因表达调控的特点。

第十二章 水盐代谢

1. 成人每天最低需水量为( )。
   A. 500 mL   B. 1000 mL   C. 1500 mL
   D. 2000 mL   E. 2500 mL

2. 正常成人每天需水量为( )。
   A. 500 mL   B. 1000 mL   C. 1500 mL
   D. 2000 mL   E. 2500 mL

3. 既能降低神经肌肉兴奋性,又能提高心肌兴奋性的离子是( )。
   A. Na^+ B. K^+ C. OH^-
   D. Ca^{2+} E. Mg^{2+}

4. 组成细胞内液的主要阴离子是( )。
   A. HCO_3^- B. Cl^- C. HPO_4^{2-}
   D. PO_4^{3-} E. 蛋白质

5. 细胞间液与血液最主要的差异是( )。
   A. Na^+含量   B. K^+含量   C. HCO_3^-含量
   D. 有机酸含量   E. 蛋白质含量

6. 下列不属于水的生理功能的是( )。
   A. 运输物质   B. 参与化学反应   C. 调节体温
   D. 维持组织正常兴奋性   E. 维持渗透压

7. 下列不属于无机盐生理功能的是( )。
   A. 维持酸碱平衡   B. 维持渗透压平衡   C. 维持酶的活性
   D. 维持神经肌肉应激性   E. 维持肠肝循环

8. 关于静脉补钾的说法,错误的是( )。
   A. 每日总量不超过4g   B. 液体浓度一般为0.3%   D. 见尿才能补钾
   C. 一天补钾量应在6~8小时以上滴完   E. 缺钾时,应立即静脉补钾

9. 正常血钙浓度为( )。
   A. 2.25~2.75 mmol/L   B. 3.5~5.5 mmol/L   C. 98~106 mmol/L
   D. 0.97~1.61 mmol/L   E. 135~145 mmol/L

10. ( )不利于钙的肠吸收。
    A. 葡萄糖酸   B. 乳酸   C. 柠檬酸
    D. 草酸   E. 维生素C

11. 下列为肾脏排钾的特点,错误的是( )。
    A. 多吃多排   B. 少吃少排   C. 不吃不排

D. 不吃也排   E. 长期不能进食者，如果有尿，易引起缺钾

12. 水分在血管与细胞间液之间的交换取决于(   )。

    A. 细胞间液胶体渗透压   B. 血浆胶体渗透压

    C. 血浆中小分子物质引起的渗透压   D. 细胞间液小分子物质引起的渗透压

    E. 毛细血管血压和血浆有效胶体渗透压之差

13. 正常血钠浓度为(   )。

    A. 2.25～2.75 mmol/L   B. 3.5～5.5 mmol/L   C. 98～106 mmol/L

    D. 0.97～1.61 mmol/L   E. 135～145 mmol/L

14. 正常血钾浓度为(   )。

    A. 2.25～2.75 mmol/L   B. 3.5～5.5 mmol/L   C. 98～106 mmol/L

    D. 0.97～1.61 mmol/L   E. 135～145 mmol/L

15. 调节钙磷代谢的活性维生素 D 是 (   )。

    A. $25\text{-}OH\text{-}VitD_3$ B. $1,25\text{-}(OH)_2\text{-}VitD_3$ C. $1,24\text{-}(OH)_2\text{-}VitD_3$

    D. $1\text{-}OH\text{-}VitD_3$ E. VitD

16. 下列关于钙的生理功能，错误的是(   )。

    A. 血钙能降低神经肌肉的兴奋性   B. 钙可降低心肌的兴奋性

    C. 钙可降低毛细血管通透性   D. 钙是细胞内重要的第二信使

    E. 钙有参与血液凝固的作用

17. 引起手足抽搐的原因可以是血浆中(   )。

    A. 血液偏酸   B. 蛋白结合钙浓度降低   C. 不溶性钙盐浓度降低

    D. 离子钙浓度升高   E. 离子钙浓度降低

18. 体内含量最多的元素是(   )。

    A. 钙、钾   B. 钠、钾   C. 钙、磷

    D. 钾、氯   E. 钠、钙

19. 治疗原则为既要补水，又要补盐的是(   )。

    A. 高渗性缺水   B. 低渗性缺水   C. 等渗性缺水

    D. 轻度缺水   E. 以上都不是

20. 血中钙、磷的溶度积是一个常数，在(   )范围中。

    A. 2.5～3.5   B. 25～35   C. 30～35

    D. 35～40   E. 30～40

21. 机体在代谢过程中产生最多的酸性物质是(   )。

    A. 碳酸   B. 磷酸   C. 尿酸

    D. 酮体   E. 硫酸

22. 正常体液中 H^+ 主要来自(   )。

    A. 食物摄入的 H^+ B. 碳酸释放的氢   C. 酮体和乳酸

    D. 含硫氨基酸分解   E. 含磷化合物分解代谢

23. 下列酸性物质有挥发性的是(   )。

    A. 碳酸   B. 乳酸   C. 乙酰乙酸

    D. 磷酸   E. β-羟丁酸

24. 血浆内存在的主要缓冲对是(   )。
    A. $KHCO_3/H_2CO_3$ B. $KHbO_2/HHbO_2$ C. KHb/HHb
    D. Na_2HPO_4/NaH_2PO_4 E. $NaHCO_3/H_2CO_3$

25. 对分子铁描述正确的是(   )。
    A. 主要贮存于肾脏   B. 以 Fe^{3+} 形式被吸收
    C. 在小肠内转化为铁蛋白被吸收 D. 与铁蛋白结合而贮存于体内
    E. 缺铁时总铁结合力降低

26. 克山病的发病原因之一是由于缺乏(   )。
    A. 硒   B. 铁   C. 磷   D. 锰   E. 钙

27. (   )属于人体必需的微量元素。(   )
    A. 铁铬硒钙铜   B. 氟铁硒铅碘   C. 硅钒铅锌碘
    D. 铁锌铜硒碘   E. 铬汞锌铜碘

28. 关于铁的吸收,下列叙述错误的是(   )。
    A. 主要吸收部位为十二指肠 B. 成年男性每天约需 1mg 铁
    C. 铁的吸收率一般为 50%   D. 铁的吸收受许多因素的影响
    E. 草酸可阻碍铁的吸收

29. 关于铁的排泄途径,下列叙述错误的是(   )。
    A. 随胃肠道黏膜上皮细胞的脱落而排泄 B. 通过肾小球过滤而排泄
    C. 汗液中含少量铁   D. 皮肤脱屑丢失部分铁
    E. 胆汁排出部分铁

30. 催化血浆 Fe^{2+} 氧化为 Fe^{3+} 的酶是(   )。
    A. 细胞色素氧化酶 B. 过氧化物酶   C. 铜蓝蛋白
    D. 过氧化氢酶   E. 细胞色素 C

31. 关于锌的代谢,下列叙述错误的是(   )。
    A. 人体内含锌约 40 mg   B. 锌主要在小肠吸收
    C. 锌的许多功能是通过酶功能来表达的 D. 锌延长胰岛素的作用时间
    E. 锌对大脑功能有影响

32. 关于铜的生理功能,下列叙述错误的是(   )。
    A. 作为电子传递体参与生物氧化过程
    B. 是胺氧化酶活性中心的必需组成成分
    C. 可促进铁在体内的贮存
    D. 参与 SOD 的作用
    E. 与皮肤,毛发的色素代谢有关

第十三章　酸　碱　平　衡

一、单项选择题

1. 机体在分解代谢过程中产生的最多的酸性物质是(　　)。
   A. 碳酸　　　　B. 乳酸　　　　C. 丙酮酸　　　　D. 磷酸　　　　E. 硫酸

2. (　　)是挥发性酸。
   A. 碳酸　　　　B. 乳酸　　　　C. 体内所有的酸性物质
   D. 成酸食物产生的酸　　　　E. 硫酸、碳酸等

3. 对挥发酸进行缓冲的最主要的系统是(　　)。
   A. 碳酸氢盐缓冲系统　　　B. 无机磷酸盐缓冲系统　　　C. 有机磷酸盐缓冲系统
   D. 血红蛋白缓冲系统　　　E. 蛋白质缓冲系统

4. 排出固定酸的主要的器官是(　　)。
   A. 肺　　　　B. 肝　　　　C. 肾　　　　D. 皮肤　　　　E. 肠

5. 对固定酸进行缓冲的主要系统是(　　)。
   A. 碳酸氢盐缓冲系统　　　B. 磷酸盐缓冲系统　　　C. 血浆蛋白缓冲系统
   D. 还原血红蛋白缓冲系统　　　E. 氧合血红蛋白缓冲系统

6. 延髓中枢化学感受器对(　　)刺激最敏感。
   A. 动脉血氧分压　　　B. 动脉血二氧化碳分压　　　C. 动脉血 pH
   D. 血浆碳酸氢盐浓度　　　E. 脑脊液碳酸氢盐

7. 从肾小球滤过的碳酸氢钠被重吸收的主要部位是(　　)。
   A. 近曲小管　　B. 髓袢　　C. 致密度　　D. 远曲小管　　E. 集合管

8. (　　)的丢失会发生碱中毒。
   A. 大肠液　　　　B. 胰液　　　　C. 胃液　　　　D. 胆汁　　　　E. 肝胆汁

9. 磷酸盐酸化的主要部位是(　　)。
   A. 肾小球　　　B. 近曲小管　　C. 髓袢　　　D. 致密斑　　　E. 远曲小管

10. 血液 pH 的高低取决于血浆中(　　)。
    A. $NaHCO_3$ 的浓度　　B. $PaCO_2$ 的浓度　　C. CO_2CP 的浓度
    D. $[HCO_3^-]/[H_2CO_3]$ 的比值　　E. BE 的浓度

11. 判断酸碱平衡紊乱是否为代偿性的主要指标是(　　)。
    A. 标准碳酸氢盐　　　B. 实际碳酸氢盐　　　C. pH
    D. 动脉血二氧化碳分压　　　E. BE

12. BE 负值增大可见于(　　)。
    A. 代谢性酸中毒　　　B. 代谢性碱中毒　　　C. 急性呼吸性酸中毒

D. 急性呼吸性碱中毒　　　E. 慢性呼吸性酸中毒

13. 血浆 H_2CO_3 原发性升高可见于(　　)。
    A. 代谢性酸中毒　　　　B. 代谢性碱中毒　　　　C. 呼吸性酸中毒
    D. 呼吸性碱中毒　　　　E. 呼吸性碱中毒合并代谢性碱中毒

二、多项选择题

1. 下列关于酸碱平衡的说法正确的是(　　)。
   A. 血浆 pH 为 7.35~7.45　　　B. 是一种体内巨大的酸碱波动
   C. 是一种动态的平衡　　　　　D. 是一种相对的稳定
   E. 发生在一个极狭窄的范围内

2. (　　)属于固定酸。
   A. 碳酸　　　B. 蛋白质　　　C. 磷酸　　　D. 乳酸　　　E. 硫酸

3. (　　)是代谢性酸中毒的常见病因。
   A. 严重糖尿病　　　　　B. 摄入大量的阿司匹林　　　C. 慢性肾功能衰竭
   D. 服用过多碱性药物　　E. 皮肤病

三、填空题

1. 血浆缓冲系统可以缓冲所有的_____，其中_____最重要。

2. $PaCO_2$ 是反映_____的主要指标，正常值为_____，平均值为_____。

3. 各种原因引起呼吸性酸中毒的主要机制是_____，引起呼吸性碱中毒的基本机制是_____。

4. 挥发酸的缓冲主要靠_____，特别是_____和_____缓冲。

四、简答题

1. 酸中毒对机体有哪些影响？

2. 血钾、血氯浓度与酸碱失衡有何联系？为什么？

第十四章　细胞信号转导

一、单项选择题

1. 生长因子的特点不包括(　　)。
   A. 是一类信号分子　　　　　　　B. 由特殊分化的内分泌腺所分泌
   C. 作用于特定的靶细胞　　　　　D. 主要以旁分泌和自分泌的方式发挥作用
   E. 其化学本质为蛋白质或多肽

2. 根据经典的定义，细胞因子与激素的主要区别是(　　)。
   A. 是一类信号分子　　　　　　　B. 作用于特定的靶细胞
   C. 由普通细胞合成并分泌　　　　D. 可调节靶细胞的生长、分化
   E. 以内分泌、旁分泌和自分泌的方式发挥作用

3. 神经递质、激素、生长因子和细胞因子可通过共同途径(　　)传递信号。
   A. 形成动作电位　　　　B. 使离子通道开放　　　C. 与受体结合
   D. 通过胞饮进入细胞　　E. 自由进出细胞

4. 受体的化学本质是(　　)。
   A. 多糖　　　　　　　B. 长链不饱和脂肪酸　　　C. 生物碱
   D. 蛋白质　　　　　　E. 类固醇

5. 受体的特异性取决于(　　)。
   A. 活性中心的构象　　　B. 配体结合域的构象　　　C. 细胞膜的流动性
   D. 信号转导功能域的构象　E. G 蛋白的构象

6. 关于受体作用的特点，下列(　　)是错误的。
   A. 特异性较高　　　　B. 是可逆的　　　　　C. 是可饱和的
   D. 结合后受体可发生变构　E. 其解离常数越大，产生的生物效应越大

7. 酪氨酸蛋白激酶的作用是(　　)。
   A. 使蛋白质与酪氨酸结合　　B. 使含有酪氨酸的蛋白质激活
   C. 使蛋白质中的酪氨酸激活　　D. 使效应蛋白中的酪氨酸残基磷酸化
   E. 使蛋白质中的酪氨酸分解

8. (　　)不属于第二信使。
   A. cAMP　　　　　　B. Ca^{2+}　　　　　　C. cGMP
   D. IP3　　　　　　E. 胰岛素

9. 关于 G 蛋白的叙述，下列(　　)是错误的。
   A. 是一类存在于细胞膜受体与效应蛋白之间的信号转导蛋白
   B. 是由 α、β、γ 三种亚基构成的异三聚体

　　　C. α亚基具有 GTPase 活性

　　　D. β、γ亚基结合紧密

　　　E. α亚基-GDP 对效应蛋白有调节作用

10. 腺苷酸环化酶主要存在于靶细胞的(　　　)。

　　　A. 细胞核　　　　　　　　　　B. 细胞膜　　　　　　　　C. 胞液

　　　D. 线粒体基质　　　　　　　　E. 微粒体

11. cAMP 对蛋白激酶 A 的作用方式是(　　　)。

　　　A. 与酶的活性中心结合　　　　　B. 与酶的催化亚基结合增强其活性

　　　C. 使 PKA 磷酸化并激活　　　　 D. 使 PKA 脱磷酸化并激活

　　　E. 与酶的调节亚基结合后，催化亚基解离并激活

12. IP3 的生理功能是(　　　)。

　　　A. 是细胞内的供能物质

　　　B. 是肌醇的活化形式

　　　C. 是激素作用于膜受体后的第二信使

　　　D. 能直接激活 PKA

　　　E. 是细胞膜的结构成分

13. 关于 PKC 的叙述，下列(　　　)是错误的。

　　　A. 可催化效应蛋白的酪氨酸残基磷酸化

　　　B. 与肿瘤的发生密切相关

　　　C. 是一种 Ca^{2+}/磷脂依赖型蛋白激酶

　　　D. 使用 DAG 可调节其活性

　　　E. 可催化多种效应蛋白磷酸化

14. 下列物质中与 PKC 激活无直接关系的是(　　　)。

　　　A. DAG　　　　　　　B. cAMP　　　　　　　　C. 磷脂酰丝氨酸

　　　D. Ca^{2+}　　　　　　　E. IP3

15. 胞浆 Ca^{2+} 升高的机制不包括(　　　)。

　　　A. 电压门控钙通道开放　　　　　B. 离子通道型受体开放

　　　C. 内质网膜上的 IP3R 开放　　　 D. 内质网膜或肌浆网膜上的 RyR 开放

　　　E. Ca^{2+} 与 CaM 迅速解离

16. 下列不通过细胞膜受体发挥作用的是(　　　)。

　　　A. 胰岛素　　　　　　　B. 肾上腺素　　　　　　C. 1,25-$(OH)_2D_3$

　　　D. 胰高血糖素　　　　　E. 表皮生长因子

17. 下列关于类固醇激素的作用方式的叙述，正确的是(　　　)。

　　　A. 活化受体进入核内需动力蛋白协助

　　　B. 受体与激素结合后可激活 G 蛋白

　　　C. 活化受体具有 TPK 活性

　　　D. 分子大，不能通过细胞膜

　　　E. 激素可进入核内，直接促进 DNA 转录

18. 胞内受体介导的信号转导途径，调节细胞代谢的方式主要是(　　　)。

　　A. 变构调节　　　　　B. 特异基因的表达调节　　　　C. 蛋白质降解的调节
　　D. 共价修饰调节　　　E. 核糖体翻译速度的调节

19. 下列属于小 G 蛋白的是(　　)。

　　A. 蛋白激酶 G　　　　B. Grb-2 结合蛋白　　　　　C. Ras 蛋白
　　D. Raf 蛋白　　　　　E. G 蛋白的 α 亚基

20. 下列有关 cAMP 的叙述正确的是(　　)。

　　A. cAMP 是环化的二核苷酸　　　　B. cAMP 是由 ADP 在酶催化下生成的
　　C. cAMP 是激素作用的第二信使　　D. cAMP 是 2',5'环化腺苷酸
　　E. cAMP 是体内的一种供能物质

第三部分

综合测试题

综合测试题(一)

一、A 型选择题(以下每一考题下面有 A、B、C、D、E 五个备选答案，请从中选出一个最佳答案，每小题 1 分，共 25 分)

1. 维持蛋白质二级结构的主要化学键是(　　)。
   A. 盐键　　　B. 疏水键　　　C. 肽键　　　　　D. 氢键　　E. 二硫键

2. 蛋白质变性是由于(　　)。
   A. 氨基酸排列顺序的改变　　　B. 氨基酸组成的改变
   C. 肽键的断裂　　　　　　　　D. 蛋白质空间构象的破坏
   E. 蛋白质的水解

3. 核酸对紫外线的最大吸收峰在波长(　　)附近。
   A. 280 nm　　B. 260 nm　　　C. 200 nm　　　D. 340 nm　E. 220 nm

4. 大部分真核细胞 mRNA 的 3′-末端都具有(　　)。
   A. 多聚 A　　B. 多聚 U　　　C. 多聚 T　　　　D. 多聚 C　E. 多聚 G

5. 变性蛋白质的主要特点是(　　)。
   A. 黏度下降　　　　　　B. 溶解度增加　　　　　　C. 不易被蛋白酶水解
   D. 生物学活性丧失　　　E. 容易被盐析出现沉淀

6. DNA 变性是指(　　)。
   A. 分子中磷酸二酯键断裂　　　B. 多核苷酸链解聚
   C. DNA 分子中的碱基丢失　　　D. 互补碱基之间的氢键断裂
   E. DNA 分子由超螺旋变为双链双螺旋

7. DNA Tm 值较高是由于(　　)核苷酸含量较高所致的。
   A. G+A　　　　B. C+G　　　　C. A+T　　　　D. C+T　　　E. A+C

8. 下列关于酶的叙述(　　)是正确的。
   A. 所有的酶都含有辅基或辅酶　　　B. 只能在体内起催化作用
   C. 大多数酶的化学本质是蛋白质　　D. 都具有立体异构专一性(特异性)
   E. 能改变化学反应的平衡点，加速反应的进行

9. 正常人清晨空腹时血糖浓度为(　　)(以 mg/100 mL 计)。
   A. 60~100　　　　B. 60~120　　　　C. 70~110
   D. 80~120　　　　E. 100~120

10. 1 分子葡萄糖酵解时净生成(　　)个 ATP。
    A. 1　　　　B. 2　　　　C. 3　　　　D. 4　　　　E. 5

11. 酶原之所以没有活性是因为(　　)。
    A. 酶蛋白肽链合成不完全　　　　　　B. 活性中心未形成或未暴露
    C. 酶原是普通的蛋白质　　　　　　　D. 缺乏辅酶或辅基
    E. 它是已经变性的蛋白质

12. 激素(　　)可使血糖浓度下降。
    A. 肾上腺素　　　　　　B. 胰高血糖素　　　　　　C. 生长素
    D. 糖皮质激素　　　　　E. 胰岛素

13. 导致脂肪肝的主要原因是(　　)。
    A. 食入脂肪过多　　　　B. 食入过量糖类食品　　　C. 肝内脂肪合成过多
    D. 肝内脂肪分解障碍　　E. 肝内脂肪运出障碍

14. 脂肪动员的关键酶是(　　)。
    A. 组织细胞中的甘油三酯酶　　　　　B. 组织细胞中的甘油二酯脂肪酶
    C. 组织细胞中的甘油一酯脂肪酶　　　D. 组织细胞中的激素敏感性脂肪酶
    E. 脂蛋白脂肪酶

15. ATP 的贮存形式是(　　)。
    A. 磷酸烯醇式丙酮酸　　B. 磷脂酰肌醇　　　　　　C. 肌酸
    D. 磷酸肌酸　　　　　　E. GTP

16. 白化症是由于先天性缺乏(　　)。
    A. 酪氨酸转氨酶　　　　B. 苯丙氨酸羟化酶　　　　C. 酪氨酸酶
    D. 尿黑酸氧化酶　　　　E. 对羟苯丙氨酸氧化酶

17. 嘌呤核苷酸从头合成时首先生成的是(　　)。
    A. GMP　　　　B. AMP　　　　C. IMP　　　　D. ATP　　　　E. GTP

18. 氟尿嘧啶(5Fu)治疗肿瘤的原理是(　　)。
    A. 本身的直接杀伤作用　　B. 抑制胞嘧啶合成　　　C. 抑制尿嘧啶合成
    D. 抑制胸苷酸合成　　　　E. 抑制四氢叶酸合成

19. 长期饥饿时，大脑的能量来源主要是(　　)。
    A. 葡萄糖　　　　　　　B. 氨基酸　　　　　　　　C. 甘油
    D. 酮体　　　　　　　　E. 糖原

20. 胰岛素 A 链与 B 链的交联靠(　　)。
    A. 氢键　　　　　　　　B. 盐键　　　　　　　　　C. 二硫键
    D. 酯键　　　　　　　　E. 范德华力

21. 与氨基酸相似的蛋白质的性质是(　　)。
    A. 高分子性质　　　　　B. 胶体性质　　　　　　　C. 沉淀性质
    D. 两性性质　　　　　　E. 变性性质

22. 下列温度对酶活性的影响叙述正确的是(　　)。
    A. 低温可使酶失活　　　　　　　　　B. 催化的反应速度随温度的升高而升高
    C. 最适温度是酶的特征性常数　　　　D. 最适温度随反应的时间而有所变化
    E. 以上都不对

23. 有机磷农药与酶的关系是(　　)。

  A．对酶有可逆性抑制作用

  B．可与酶活性中心上组氨酸的咪唑基结合，使酶失活

  C．可与酶活性中心上半胱氨酸的巯基结合，使酶失活

  D．能抑制胆碱乙酰化酶

  E．能抑制胆碱酯酶

24．下列含有稀有碱基比例较多的核酸是(　　)。

  A．胞核 DNA　　　　　　B．线粒体 DNA　　　　　　C．tRNA

  D．mRNA　　　　　　　　E．r RNA

25．核酸分子中储存、传递遗传信息的关键部分是(　　)。

  A．磷酸戊糖　　　　　　　B．核苷　　　　　　　C．碱基序列

  D．戊糖磷酸骨架　　　　　E．磷酸二酯键

二、X 型选择题(以下每一考题下面有 A．B、C．D、E 五个备选答案，其中至少有两个正确答案，请从中选出所有的正确答案。每小题 1 分，共 10 分。)

1．分离纯化蛋白质主要根据蛋白质的(　　)性质。

  A．分子的形状和大小不同　　B．黏度不同　　　　C．溶解度不同

  D．溶液的 pH 值不同　　　　E．电荷不同

2．变性蛋白中未被破坏的化学键是(　　)。

  A．氢键　　　B．盐键　　　C．疏水键　　　　D．肽键　　　　E．二硫键

3．酶蛋白和辅酶之间有(　　)关系。

  A．两者以共价键相结合，二者缺一不可　B．只有全酶才有催化活性

  C．在酶促反应中两者具有相同的任务　　D．一种酶蛋白通常只需一种辅酶

  E．不同的酶蛋白可使用相同辅酶，催化不同的反应

4．下列关于 DNA 双螺旋二级结构模型的表述，正确是(　　)。

  A．两条链方向相同，都是右手螺旋　　B．两条链方向相同，都是左手螺旋

  C．两条链方向相反，都是右手螺旋　　D．两条链方向相反，都是左手螺旋

  E．两条链的碱基顺序互补

5．在呼吸链中，用于传递电子的组分是(　　)。

  A．烟酰胺脱氢酶类　　　　B．黄素脱氢酶类　　　　C．铁硫蛋白类

  D．细胞色素类　　　　　　E．辅酶 Q 类

6．糖酵解途径中，催化不可逆反应的酶是(　　)。

  A．己糖激酶　　　　　　　B．磷酸果糖激酶　　　　C．醛缩酶

  D．磷酸甘油酸激酶　　　　E．丙酮酸激酶

7．在人和动物体内，脂肪酸不易转变成(　　)。

  A．糖类　　　B．脂肪　　　C．氨基酸　　　D．胆固醇　　　E．维生素 D

8．吟核苷酸循环涉及的核苷酸有(　　)。

  A．AMP　　　B．OMP　　　C．UMP　　　D．IMP　　　E．CMP

9．下列关于冈崎片段的描写正确的是(　　)。

  A．是因为 DNA 复制速度太快而产生

B．由于复制中有缠绕打结而生成

C．每个岗崎片段约含 1000～2000 个核苷酸

D．在滞后链中产生

E．复制完成后，岗崎片段被水解

10．下列与真核细胞成熟 mRNA 的结构特点不符的有(　　)。

A．一般是单顺反子　　　　　　　B．一般是多顺反子

C．5′端具前导序列　　　　　　　D．3′端具 7—甲基鸟苷"帽子"结构

E．3′端具 poly(C)尾巴结构

三、填空题(每空 1 分，共 30 分)

1．氨基酸根据其理化性质可分为_____、_____、_____和_____类。

2．磷脂分子结构的特点是含一个_____的头部和两个_____的尾部。

3．生物膜主要由_____、_____和_____组成。

4．蛋白质按分子形状分为_____和_____；按分子组成分为_____和_____。

5．蛋白质的二级结构有_____、_____、_____和_____等类型。

6．稳定蛋白质胶体系统的因素是_____和_____。

7．影响酶促反应速度的因素有_____、_____、_____、_____、_____和_____等。

8．tRNA 的二级结构是_____型，其结构中与蛋白质生物合成关系最密切的是_____和_____。

9．构成辅酶Ⅰ和辅酶Ⅱ的维生素是_____，构成辅酶 A 的维生素是_____。

四、名词解释(每小题 2 分，共 10 分)

1．氧化磷酸化

2．物氧化

3．糖酵解

4．脂肪动员

5．联合脱氨基作用

五、简答题(每小题 5 分，共 15 分)

1．举例说明竞争性抑制的特点和实际意义。

2．简述血糖的来源和去路。

3．简述脂类的生理功能。

六、论述题(每小题 10 分，共 10 分)

简述影响氧化磷酸化的主要因素。

综合测试题(二)

一、A 型选择题(以下每一考题下面有 A、B、C、D、E 五个备选答案，请从中选出一个最佳答案，每小题 1 分，共 45 分)

1. 测得某一蛋白质样品的氮含量为 0.40 g，那么此样品约含蛋白质(　　)。
   　A. 2.00 g　　B. 2.50 g　　　C. 6.40 g　　　　　D. 6.25 g　　E. 6.75 g

2. 微量元素是指每人每日需要的该元素量低于(　　)。
   　A. 1 g　　　B. 100 mg　　　C. 10 mg　　　　　D. 200 mg　　E. 20 mg

3. 蛋白质变性是由于(　　)。
   　A. 氨基酸排列顺序的改变　　　B. 肽键断裂　　C. 蛋白质水解
   　D. 蛋白质空间结构的破坏　　　E. 氨基酸数量改变

4. 血清白蛋白(pI=4.7)在下列 pH 值为(　　)的溶液中带正电荷。
   　A. 4.0　　　B. 4.7　　　　　C. 5.0　　　　　　D. 7.2　　　E. 8.0

5. 维持蛋白质二级结构的主要化学键是(　　)。
   　A. 肽键　　B. 疏水键　　　C. 盐键　　　　　D. 氢键　　　E. 范德华力

6. 蛋白质一级结构是指(　　)。
   　A. 氨基酸的性质　　　　　　　B. 分子中的各种化学键
   　C. 氨基酸残基的排列顺序　　　D. 分子中的共价键
   　E. 分子中的次级键

7. 嘌呤和戊糖形成糖苷键，其彼此连接的位置是(　　)。
   　A. N_9-C_1　　B. N_1-C_1　　C. N_3-C_1　　　　D. N_7-C_1　　E. N_9-C_3

8. DNA 中不含有碱基(　　)。
   　A. T　　　　B. U　　　　　　C. A　　　　　　　D. C　　　　E. G

9. 结合酶在(　　)才具有催化活性。
   　A. 以酶蛋白形式存在时　　　　B. 以辅酶形式存在时
   　C. 以辅基形式存在时　　　　　D. 以全酶形式存在时
   　E. 以酶原形式存在时

10. Km 是指(　　)。
   　A. Vmax 时的[S]　　　　　B. Vmax/2 时的[S]　　　　C. 2Vmax 时的[S]
   　D. 3Vmax 时的[S]　　　　E. 4Vmax 是的[S]

11. 一分子软脂酸(16C)彻底氧化分解后净生成的 ATP 数是(　　)。
   　A. 78　　　B. 95　　　　　C. 106　　　　D. 120　　　E. 129

12. 下列(　　)属于结合酶。

    A. 脲酶　　　　　　　　　B. 核糖核酸酶　　　　　　C. 胃蛋白酶

    D. 脂肪酶　　　　　　　　E. 乳酸脱氢酶

13. 降低血糖浓度的激素有(　　　)。

    A. 胰高血糖素　　　　　　B. 胰岛素　　　　　　　　C. 肾上腺素

    D. 生长激素　　　　　　　E. 糖皮质激素

14. 酶原之所以没有活性是由于(　　　)。

    A. 酶蛋白肽链合成不完全　　　　B. 活性中心未形成或未暴露

    C. 酶原是普通的蛋白质　　　　　D. 缺乏辅酶或辅基

    E. 活性中心外部被覆盖

15. 酶促反应中决定酶的专一性的是(　　　)。

    A. 结合基团　　　　　　　B. 催化基团　　　　　　　C. 辅酶

    D. 酶蛋白　　　　　　　　E. 辅基

16. 1 分子葡萄糖经糖酵解可净生成 ATP(　　　)。

    A. 1 分子　　　　　　　　B. 2 分子　　　　　　　　C. 10 分子

    D. 30 分子　　　　　　　E. 32 分子

17. 糖有氧氧化的终产物是(　　　)。

    A. CO_2+H_2O+ATP　　　B. 乳酸　　　　　　　　　C. 丙酮酸

    D. 乙酰 CoA　　　　　　E. 葡萄糖

18. 糖原合成的关键酶是(　　　)。

    A. 己糖激酶　　　　　　　B. 磷酸果糖激酶　　　　　C. 丙酮酸激酶

    D. 糖原合酶　　　　　　　E. 糖原磷酸化酶

19. 核酸中核苷酸之间的连接方式是(　　　)。

    A. 2′,5′-磷酸二酯键　　　B. 3′,5′-磷酸二酯键　　　C. 氢键

    D. 糖苷键　　　　　　　　E. 5′,3′-磷酸二酯键

20. 组成蛋白质的氨基酸有(　　　)。

    A. 10 种　　　B. 15 种　　　C. 20 种　　　D. 25 种　　　E. 30 种以上

21. 坏血病是由于缺乏(　　　)引起的。

    A. 维生素 C　　　　　　　B. 维生素 A　　　　　　　C. 维生素 D

    D. 维生素 E　　　　　　　E. 维生素 K

22. 临床治疗习惯性流产、先兆流产应选用(　　　)。

    A. 维生素 PP　　　　　　B. 维生素 A　　　　　　　C. 维生素 D

    D. 维生素 E　　　　　　　E. 维生素 K

23. 儿童缺乏维生素 D 时易患(　　　)。

    A. 佝偻病　　　　　　　　B. 骨软化症　　　　　　　C. 坏血病

    D. 干眼病　　　　　　　　E. 恶性贫血

24. 一碳单位的载体是(　　　)。

    A. 叶酸　　　　　　　　　B. 二氢叶酸　　　　　　　C. 四氢叶酸

    D. 维生素 B_2　　　　　　E. 维生素 B_6

25. 在缺氧条件下，糖酵解的产物是(　　　)。

　　A. 丙酮酸　　　　　　　　B. 乳酸　　　　　　　　C. 磷酸二羟丙酮

　　D. 乳糖　　　　　　　　　E. 苹果酸

26. 机体最大的实质性器官是(　　　)。

　　A. 肝　　　　　　　　　　B. 肾　　　　　　　　　C. 大脑

　　D. 胃　　　　　　　　　　E. 肠

27. 细胞内液与细胞外液间的体液交换经(　　　)进行。

　　A. 毛细血管壁　　　　　　B. 细胞膜　　　　　　　C. 血浆

　　D. 细胞间隙　　　　　　　E. 毛细淋巴管壁

28. 当机体摄入的糖量超过体内能量消耗时,多余的糖可大量地转变成(　　　)。

　　A. 无机盐　　　　　　　　B. 蛋白质　　　　　　　C. 脂肪

　　D. 维生素　　　　　　　　E. ATP

29. VLDL 的功能是转运(　　　)。

　　A. 内源性脂肪　　　　　　B. 外源性脂肪　　　　　C. 胆固醇

　　D. 磷脂　　　　　　　　　E. 游离脂肪酸

30. 正常人的血浆 pH 为(　　　)。

　　A. 6.0～6.5　　　　　　　B. 6.5～7.0　　　　　　C. 7.35～7.45

　　D. 7.5～8.0　　　　　　　E. 8.0～8.5

31. 人体内钠的主要排泄途径是(　　　)。

　　A. 肝脏　　B. 肾脏　　C. 皮肤　　D. 小肠　　E. 呼吸

32. 脂肪酸 β-氧化反应的场所是(　　　)。

　　A. 细胞质　　　　　　　　B. 细胞核　　　　　　　C. 高尔基体

　　D. 线粒体　　　　　　　　E. 核糖体

33. 既能兴奋心肌又能抑制神经肌肉兴奋性的离子是(　　　)。

　　A. Fe^{2+}　　B. Na^+　　C. K^+　　D. Ca^{2+}　　E. Mg^{2+}

34. 维持细胞外液渗透压平衡的阳离子是(　　　)。

　　A. 钾离子　　　　　　　　B. 镁离子　　　　　　　C. 钠离子

　　D. 钙离子　　　　　　　　E. 氢离子

35. 细胞色素传递电子的顺序是(　　　)。

　　A. $c{\rightarrow}c_1{\rightarrow}b{\rightarrow}aa_3{\rightarrow}O_2$　　B. $b{\rightarrow}c_1{\rightarrow}c{\rightarrow}aa_3{\rightarrow}O_2$　　C. $c_1{\rightarrow}c{\rightarrow}b{\rightarrow}aa_3{\rightarrow}O_2$

　　D. $c{\rightarrow}b{\rightarrow}aa_3{\rightarrow}c{\rightarrow}O_2$　　E. $aa_3{\rightarrow}b{\rightarrow}c{\rightarrow}c_1{\rightarrow}O_2$

36. 氨在人体内最主要的去路是(　　　)。

　　A. 在肝内合成尿素,由尿排出体外　　　　　　　B. 生成谷氨酰氨

　　C. 合成非必需氨基酸　　D. 合成碱基　　　　　　E. 生成 α-酮酸

37. 通常在饮食适宜的情况下,儿童、孕妇及消耗性疾病康复期的人处于(　　　)。

　　A. 氮总平衡　　　　　　　B. 氮正平衡　　　　　　C. 氮负平衡

　　D. 氮不平衡　　　　　　　E. 以上均有可能

38. 嘌呤核苷酸循环在(　　　)中进行。

　　A. 肝　　B. 肾　　C. 肌肉　　D. 大脑　　E. 肺

39. 有防止动脉粥样硬化作用的脂蛋白是(　　　)。

A. CM　　　B. VLDL　　　C. LDL　　　D. HDL　　　E. IDL

40．正常血浆中 $NaHCO_3$ 与 H_2CO_3 的比值是(　　)。
A．1:20　　B．10:20　　　C．20:1　　　D．1:100　　E．200:1

41．转运外源性甘油三酯的血浆脂蛋白是(　　)。
A．CM　　B．VLDL　　　C．LDL　　　D．HDL　　E．IDL

42．在(　　)时可致代谢性酸中毒。
A．严重呕吐　　　　B．糖尿病或饥饿　　　C．输入碳酸氢钠过多
D．低血钾　　　　　E．通气过度

43．人体内能直接进行氧化脱氨基的氨基酸是(　　)。
A．所有氨基酸　　　B．丙氨酸　　　　　C．谷氨酸
D．天冬氨酸　　　　E．组氨酸

44．人体能进行生物转化所依靠的最主要的器官是(　　)。
A．肾脏　　B．肠　　　C．肝脏　　　D．肺　　　E．脾脏

45．结合胆红素是指(　　)。
A．血胆红素　　　　B．肝胆红素　　　　C．游离胆红素
D．清蛋白-胆红素　　E．间接胆红素

二、B1 型选择题(以下提供若干组考题，每组考题共用在考题前列出的 A．B．C．D．E 五个备选答案，请从中选择一个与问题关系最密切的答案，某个备选答案可能被选择一次，多次或不被选择，每小题 1 分，共 35 分)

(46、47 题备选答案)
A．一级结构　　　B．二级结构　　　C．超二级结构
D．三级结构　　　E．四级结构

46．多肽链中氨基酸的排列顺序是(　　)。

47．蛋白质分子中各亚基的空间排布和相互作用是(　　)。

(48、49 题备选答案)
A．HDL　　B．Apo　　C．FA　　D．GPT　　E．ATP

48．能对抗动脉硬化的是(　　)。

49．载脂蛋白是指(　　)。

(50～53 题备选答案)
A．维生素 K　　　　B．维生素 B_{12}　　　　C．维生素 E
D．维生素 C　　　　E．维生素 A

50．与巨幼红细胞性贫血有关的是(　　)。

51．与生育有关的是(　　)。

52．缺乏后易引起出血倾向的是(　　)。

53．能治疗干眼病的是(　　)。

(54～59 题备选答案)

　　A. 运输作用　　　　　　B. 低血钾　　　　　　　C. 钾离子

　　D. 钙离子　　　　　　　E. 葡萄糖或胰岛素

54. 临床上，可治疗高血钾的是(　　)。

55. 水的生理功能有(　　)。

56. 碱中毒时可引起(　　)。

57. 可增强心肌兴奋性的是(　　)。

58. 可抑制心肌兴奋性的是(　　)。

59. 创伤恢复期，易引起(　　)。

(60～63 题备选答案)

　　A. 钾　　　B. 钙　　　C. 铁　　　D. 硒　　　E. 锌

60. 多吃多排，少吃少排，不吃也排是指(　　)。

61. 儿童缺乏易患佝偻病的是(　　)。

62. 谷胱甘肽过氧化物酶中含有(　　)。

63. 儿童缺乏引起生长发育停滞、生殖器官发育不全、智力低下的是(　　)。

(64～68 题备选答案)

　　A. 肽键　　　B. 次级键　　　　C. 氨基末端　　　D. α-螺旋　　　E. 肽

64. 维持蛋白质空间结构的化学键是(　　)。

65. 蛋白质分子中的主键是(　　)。

66. 书写时必须写在多肽链的左侧的是(　　)。

67. 由氨基酸借肽键相连而成的化合物是(　　)。

68. 属于蛋白质二级结构的是(　　)。

(69～72 题备选答案)

　　A. 嘌呤核苷酸循环　　　B. 联合脱氨基作用　　　C. 氧化脱氨基作用

　　D. 扩张血管　　　　　　E. 中枢抑制性神经递质

69. γ-氨基丁酸是指(　　)。

70. 主要由谷氨酸进行的反应是(　　)。

71. 组胺的生理作用是(　　)。

72. 只在肌肉组织中进行的脱氨基反应是(　　)。

(73～76 题备选答案)

　　A. 500 mL　　　　　　B. 1000 mL　　　　　　C. 1200 mL

　　D. 1500 mL　　　　　　E. 2500 mL

73. 成人每天最低需水量为(　　)。

74. 成人每天正常需水量为(　　)。

75. 成人每天最低尿量为(　　)。

76．成人每天正常尿量为(   )。

(77～80 题备选答案)

        A．$NaHCO_3/H_2CO_3$ B．乳酸   C．碳酸   D．碳酸酐酶   E．Cl^-

77．血浆中最主要的缓冲对是(   )。

78．属于固定酸的是(   )。

79．挥发性酸是指(   )。

80．血浆中主要的阴离子是(   )。

三、问答题(每小题 5 分，共 10 分)

1．什么是血糖？空腹是血糖的正常值是多少？简述血糖的来源与去路。

2．体内水的来源和去路有哪些？水有何生理功能？

四、实例分析(共 10 分)

患儿，女性，年龄 11 岁，主诉：尿多(尤其是晚上)、口渴、食欲极好、易疲劳、四肢无力。医生检查发现：患者明显消瘦、舌干、呈中度脱水，但无淋巴结病变。实验室检查：血糖 18mmol/L，尿糖(++++)，尿酮体(++)。

请初步诊断该患者有何疾病？结合所学知识解释患者体征及实验室检查结果。

综合测试题(三)

一、A型选择题(以下每一考题下面有 A．B．C．D．E 五个备选答案，请从中选出一个最佳答案，每小题 1 分，共 45 分)

1．DNA 分子组成中不含有(　　)。

  A．dTMP　　　B．UMP　　　　C．dAMP　　　　　D．dCMP　　　　　E．dGMP

2．蛋白质一级结构是指(　　)情况。

  A．氨基酸的性质　　　　　　　　B．分子中的各种化学键

  C．氨基酸残基的排列顺序　　　　D．分子中的共价键

  E．分子中的次级键

3．(　　)为非编码氨基酸。

  A．谷氨酸　　　　　　　　B．组氨酸　　　　　　　　　C．鸟氨酸

  D．甘氨酸　　　　　　　　E．亮氨酸

4．蛋白质变性是由于(　　)。

  A．氨基酸排列顺序的改变　　　B．肽键断裂　　　C．蛋白质水解

  D．蛋白质空间结构的破坏　　　E．氨基酸数量的改变

5．测得 100 克生物样品中氮的含量为 2 克，那么该样品中蛋白质的含量大约为(　　)。

  A．6.25%　　　B．12.5%　　　　C．1%　　　D．2%　　　　　E．20%

6．血清白蛋白(pI = 4.7)在 pH 值为(　　)的溶液中带正电荷。

  A．4.0　　　B．4.7　　　　C．5.0　　　D．7.2　　　　　E．8.0

7．在 pH 值为 8.6 的缓冲液中进行血清醋酸纤维素薄膜电泳，可把血清蛋白质分为 5 条带，从负极数起它们的顺序是(　　)。

  A．$\alpha 1$ 、$\alpha 2$、β、γ、A　　　　　B．A、$\alpha 1$ 、$\alpha 2$、β、γ

  C．γ、β、$\alpha 2$、$\alpha 1$、A　　　　D．β、γ、$\alpha 2$ 、$\alpha 1$、A

  E．A、γ、β、$\alpha 2$ 、$\alpha 1$

8．嘌呤和戊糖形成糖苷键，其彼此连接的位置是(　　)。

  A．$N_9\text{-}C_1{}'$　　　B．$N_1\text{-}C_1$　　　　C．$N_3\text{-}C_1$　　　　D．$N_7\text{-}C_1$　　　E．$N_9\text{-}C_3$

9．下列关于酶的活性中心的叙述不正确的是(　　)。

  A．活性中心内有结合基团和催化基团

  B．活性中心只是必需基团起作用而与整个酶分子无关

  C．辅酶或辅基是必需基团之一

  D．活性中性的构象需与底物相适应

  E．活性中心的构象被破坏，酶失活

10. 结合酶在(　　)时才具有催化活性。
    A．酶蛋白形式存在　　　　　　B．辅酶形式存在　　　　　C．辅基形式存在
    D．全酶形式存在　　　　　　　E．酶原形式存在

11. 酶促反应中决定酶的专一性的是(　　)。
    A．结合基团　　　　　　　　　B．催化基团　　　　　　　C．辅酶
    D．酶蛋白　　　　　　　　　　E．辅基

12. Km 是指(　　)。
    A．Vmax 时的[S]　　　　　　B．Vmax/2 时的[S]　　　　C．2Vmax 时的[S]
    D．3Vmax 时的[S]　　　　　　E．4Vmax 时的[S]

13. 酶原之所以没有活性是由于(　　)。
    A．酶蛋白肽链合成不完全　　　　　B．活性中心未形成或未暴露
    C．酶原是普通的蛋白质　　　　　　D．缺乏辅酶或辅基
    E．活性中心外部被覆盖

14. 一个 12 碳饱和脂肪酸彻底氧化分解后净生成的 ATP 数是(　　)。
    A．57　　　　B．95　　　　C．97　　　　D．65　　　　E．129

15. (　　)属于结合酶。
    A．脲酶　　　　　　　　　　　B．核糖核酸酶　　　　　　C．胃蛋白酶
    D．脂肪酶　　　　　　　　　　E．己糖激酶

16. 可降低血糖浓度的激素有(　　)。
    A．胰高血糖素　　　　　　　　B．胰岛素　　　　　　　　C．肾上腺素
    D．生长激素　　　　　　　　　E．糖皮质激素

17. 下列与辅酶概念相符的是(　　)。
    A．它是一种高分子有机化合物　　　　B．不能用透析法将它与酶蛋白分开
    C．它与相应酶蛋白结构十分相似　　　D．参与化学基团或电子的传递
    E．决定酶的专一性

18. 大脑中的 γ-氨基丁酸(GABA)是由(　　)物质代谢产生的。
    A．α-酮戊二酸　　　　　　　　B．丙酮酸　　　　　　　　C．天门冬氨酸
    D．谷氨酸　　　　　　　　　　E．丙氨酸

19. 一段 DNA 单链顺序为 5′-CGGTA-3′，它能与(　　)段 RNA 链杂交。
    A．5-UACCG-3　　　　　　　B．5-TAGGC-3　　　　　　C．5-GCCAU-3
    D．5-GCCAT-3　　　　　　　E．5-TAGCU-3

20. 脂肪组织大量动员时，肝内乙酰辅酶 A 主要趋向是合成(　　)。
    A．脂肪酸　　　　　　　　　　B．胆固醇　　　　　　　　C．酮体
    D．葡萄糖　　　　　　　　　　E．蛋白质

21. 组成蛋白质的氨基酸有(　　)。
    A．10 种　　　B．15 种　　　C．20 种　　　D．25 种　　　E．30 种以上

22. 人体内进行氧化脱氨基作用的主要是(　　)。
    A．所有氨基酸　　　　　　　　B．丙氨酸　　　　　　　　C．谷氨酸
    D．天冬氨酸　　　　　　　　　E．组氨酸

23. 某蛋白质的 pI 是 6.0,在 pH 值为 4.2 的溶液中,应以( )形式存在。
  A. 正离子　　　　　　　B. 负离子　　　　　　　C. 兼性离子
  D. 分子状态　　　　　　E. 游离氨基酸

24. 脂肪酸分解的主要方式是( )。
  A. α-氧化　　　　　　　B. ω-氧化　　　　　　　C. γ-氧化
  D. β-氧化　　　　　　　E. δ-氧化

25. 丙酮酸在线粒体中主要生成的是( )。
  A. 乳酸　　　　　　　　B. 柠檬酸　　　　　　　C. 乙酰辅酶 A
  D. 丙酮酸　　　　　　　E. 3-磷酸甘油醛

26. ( )时可致代谢性酸中毒。( )
  A. 严重呕吐　　　　　　B. 糖尿病或饥饿　　　　C. 摄入碳酸氢钠过多
  D. 低血钾　　　　　　　E. 通气过度

27. 肝脏生成乙酰乙酸的直接前体是( )。
  A. β-羟丁酸　　　　　　B. 乙酰 CoA　　　　　　C. 甲羟戊酸
  D. β-羟基-β-甲基戊二酰 CoA(HMG-CoA)　　　　E. 乙酰辅酶 A

28. TAC 中有底物磷酸化的反应是( )。
  A. α-酮戊二酸→琥铂酰辅酶 A　　　　　B. 琥铂酰辅酶 A→琥铂酸
  C. 柠檬酸→α-酮戊二酸　　　　　　　　D. 琥铂酸→苹果酸
  E. 苹果酸-草酰乙酸

29. 小肠消化吸收的甘油三酯需要被运输到脂肪组织中储存,其运输载体是( )。
  A. CM　　　B. VLDL　　　C. LDL　　　D. HDL　　　E. IDL

30. 糖酵解中催化不可逆反应的酶是( )。
  A. 磷酸葡萄糖变位酶　　　B. 磷酸己糖异构酶　　　C. 醛缩酶
  D. 乳酸脱氢酶　　　　　　E. 丙酮酸激酶

31. 占体重比例大约百分之五的体液是( )。
  A. 淋巴液　　　　　　　B. 脑脊液　　　　　　　C. 血液
  D. 细胞内液　　　　　　E. 细胞间液

32. 在三羧酸循环中( )催化的反应会直接产生 GTP。
  A. 苹果酸脱氢酶　　　　B. 柠檬酸脱氢酶　　　　C. 琥珀酸激酶
  D. 琥珀酸脱氢酶　　　　E. α-酮戊二酸脱氢酶

33. 下列能被 2,4-二硝基苯酚(2,4-DNP)抑制的代谢是( )。
  A. 底物磷酸化　　　　　B. 氧化磷酸化　　　　　C. 糖酵解
  D. 糖异生　　　　　　　E. 酮体生成

34. 下列蛋白质中与脂类运输有关的是( )。
  A. 核蛋白　　　　　　　B. 糖蛋白　　　　　　　C. 脂蛋白
  D. 色蛋白　　　　　　　E. 磷蛋白

35. Preβ-LP 的功能是转运( )。
  A. 内源性脂肪　　　　　B. 外源性脂肪　　　　　C. 胆固醇
  D. 磷脂　　　　　　　　E. 游离脂肪酸

36. 正常人空腹时不含有( )脂蛋白。
 A. CM B. VLDL C. LDL
 D. HDL E. IDL

37. 正常人的血浆 pH 值为( )。
 A. 6.0～6.5 B. 6.5～7.0 C. 7.35～7.45
 D. 7.5～8.0 E. 8.0～8.5

38. 人体内钠的主要排泄途径是( )。
 A. 肝脏 B. 肾脏 C. 皮肤 D. 小肠 E. 呼吸

39. 磷酸果糖激酶催化的产物是( )。
 A. 1,4-二磷酸果糖 B. 1-磷酸果糖 C. 6-磷酸果糖
 D. 1,6-二磷酸果糖 E. 1,3 二磷酸果糖

40. 既能兴奋心肌又能抑制神经肌肉兴奋性的离子是( )。
 A. Fe^{2+} B. Na^+ C. K^+ D. Ca^{2+} D. Mg^{2+}

41. 维持细胞内液和细胞外液渗透压平衡的离了是( )。
 A. 钾离子和钠离子 B. 钾离子和镁离子 C. 钠离子和钙离子
 D. 镁离子和钙离子 E. 钙离子和氢离子

42. Cyt 传递电子的顺序是( )。
 A. $c \rightarrow c_1 \rightarrow b \rightarrow aa_3 \rightarrow O_2$ B. $b \rightarrow c_1 \rightarrow c \rightarrow aa_3 \rightarrow O_2$ C. $c_1 \rightarrow c \rightarrow b \rightarrow aa_3 \rightarrow O_2$
 D. $c \rightarrow b \rightarrow aa_3 \rightarrow c \rightarrow O_2$ E. $aa_3 \rightarrow b \rightarrow c \rightarrow c_1 \rightarrow O_2$

43. 氨在体内最主要的去路是( )。
 A. 合成尿素,由尿液排出体外 B. 生成谷氨酰胺
 C. 合成非必需氨基酸 D. 合成碱基 E. 生成 α-酮酸

44. 抽取病人血液时如果溶血,可使离子( )假性升高。
 A. Na^+ B. Ca^{2+} C. K^+ D. Fe^{2+} E. Zn^{2+}

45. 嘌呤核苷酸循环只在( )中进行。
 A. 肝 B. 肾 C. 肌肉 D. 大脑 E. 肺脏

二、B1 型选择题(以下提供若干组考题,每组考题共用在考题前列出的 A、B、C、D、E 五个备选答案,请从中选择一个与问题关系最密切的答案,某个备选答案可能被选择一次,多次或不被选择。每小题 1 分,共 40 分)

(46～48 题备选答案)
 A. 蛋白质的等电点 B. 蛋白质沉淀 C. 蛋白质的结构域
 D. 蛋白质的四级结构 E. 蛋白质变性

46. 蛋白质分子所带电荷相等时溶液 pH 值是( )。

47. 蛋白质的结构被破坏,理化性质改变,并失去其生物学活性称为( )。

48. 可使蛋白质呈兼性离子的是( )。

(49～53 题备选答案)
 A. AMP B. ADP C. ATP D. dATP E. cAMP

49. 含一个高能磷酸键的是(　　)。

50. 含脱氧核糖基的是(　　)。

51. 分子内含 3′, 5′-磷酸二酯键的是(　　)。

52. 第二信使是(　　)。

53. 给生命活动直接供能的是(　　)。

(54~58 题备选答案)

　　　A. HDL　　　B. apo　　　C. FA　　　D. GPT　　　E. ATP

54. 能对抗动脉粥样硬化的是(　　)。

55. 载脂蛋白是指(　　)。

56. 急性肝炎时升高的是(　　)。

57. 将肝外胆固醇向肝内转运的是(　　)。

58. 能进行 β-氧化的是(　　)。

(59~62 题备选答案)

　　　A. 维生素 K　　　　　　B. 维生素 B_{12}　　　　　　C. 维生素 E

　　　D. 维生素 C　　　　　　E. 维生素 A

59. 与合成视紫红质有关的是(　　)。

60. 与生育有关的是(　　)。

61. 缺乏后可引起出血倾向的是(　　)。

62. 能治疗干眼病的是(　　)。

(63~67 题备选答案)

　　　A. 运输作用　　　　　　B. 2500 毫升　　　　　　C. 钾离子

　　　D. 增强心肌兴奋性　　　E. 葡萄糖

63. 大量输入时易引起低血钾的是(　　)。

64. 水的生理功能是(　　)。

65. 正常人每天水的摄入量平均是(　　)。

66. 钙离子的作用是(　　)。

67. 抑制心肌兴奋性的是(　　)。

(68~72 题备选答案)

　　　A. 胆色素　　　　　　B. 胆红素　　　　　　C. 胆绿素

　　　D. 胆素原　　　　　　E. 胆素

68. 胆红素体内代谢的产物是(　　)。

69. 尿与粪便的颜色来源是(　　)。

70. 在单核-吞噬细胞系统中生成的胆色素是(　　)。

71. 血红素在血红素加氧酶催化下生成的物质是(　　)。

72. 具有脂溶性, 易透过细胞膜的是(　　)。

(73～76 题备选答案)
　　　A. K^+　　　　　B. Ca^{2+}　　　　C. 300 毫升　　　　D. 350 毫升　　　E. 500 毫升

73. 能提高神经肌肉兴奋性的是(　　)。
74. 能抑制神经肌肉兴奋性的是(　　)。
75. 正常人每天的最少排尿量是(　　)。
76. 正常人每天经过呼吸蒸发排泄的水量是(　　)。

(77～81 题备选答案)
　　　A. 递氢作用　　　　　　　B. 转氨基作用　　　　　　C. 转酮醇作用
　　　D. 转酰基作用　　　　　　E. 转运 CO_2 作用

77. CoA-SH 作为辅酶参与(　　)。
78. FMN 作为辅酶参与(　　)。
79. NAD^+作为辅酶参与(　　)。
80. 生物素作为辅助因子参与(　　)。
81. 磷酸吡哆醛作为辅助酶参与(　　)。

(82～85 题备选答案)
　　　A. 肽键　　　　　　　　　B. 次级键　　　　　　　　C. 氨基末端
　　　D. α—螺旋　　　　　　　E. 肽

82. 维持蛋白质空间结构的化学键是(　　)。
83. 蛋白质分子中的主键是(　　)。
84. 书写时必须写在多肽链的左侧的是(　　)。
85. 由氨基酸借肽键相连而成的化合物是(　　)。

三、X 型选择题(以下每一考题下面有 A、B、C、D、E 五个备选答案，其中至少有两个正确答案，请从中选出所有的正确答案，每小题 1 分，共 5 分)

86. 酶作用的特点有(　　)。
　　　A. 高效性　　　　　　　　B. 高度敏感性　　　　　　C. 高度专一性
　　　D. 活性可调节性　　　　　E. 高度稳定性

87. 磺胺类药物抑制细菌生长繁殖的原理是(　　)。
　　　A. 直接使细菌蛋白质变性　　　　B. 抑制了二氢叶酸还原酶的活性
　　　C. 与对氨基苯甲酸竞争　　　　　D. 抑制二氢叶酸合成酶的活性
　　　E. 与草酰乙酸竞争

88. Insulin 降低血糖的原理有(　　)。
　　　A. 增加细胞膜对葡萄糖的通透性　　B. 促进葡萄糖的氧化分解
　　　C. 促进糖原合成　　　　　D. 促进糖的转变　　　E. 抑制糖的异生

89. 低血钾患者常出现(　　)。
　　　A. 心率变慢　　　　　　B. 心率加快　　　　　　C. 全身软弱无力，反射减弱
　　　D. 异位心律　　　　　　E. 神经肌肉的应激性提高

90. 下列属于蛋白质二级结构的是(　　)。

    A. β-片层结构　　　　　B. 纤维状结构　　　　　C. 球状结构

    D. α-螺旋结构　　　　　E. 双螺旋结构

四、问答题(每小题 5 分，共 10 分)

1. 简述 LDH 同工酶的化学和分布特点及其诊断意义。

2. 请用中文名称写出酮体生成的化学反应过程

综合测试题(四)

一、A 型选择题(以下每一考题下面有 A、B、C、D、E 五个备选答案，请从中选出一个最佳答案，每小题 1 分，共 35 分)

1. 测得 100 克生物样品氮的含量为 2 克，那么该样品中蛋白质的含量大约为(　　)。
   A. 6.25%　　　　B. 12.5%　　　　C. 1%　　　　D. 2%　　　　E. 20%

2. (　　)为非编码氨基酸。
   A. 谷氨酸　　　　　　　　B. 组氨酸　　　　　　　　C. 鸟氨酸
   D. 甘氨酸　　　　　　　　E. 亮氨酸

3. 蛋白质变性是由于(　　)。
   A. 氨基酸排列顺序的改变　　　B. 肽键断裂　　　　　C. 蛋白质水解
   D. 蛋白质空间结构的破坏　　　E. 氨基酸数量改变

4. 血清白蛋白(pI=4.7)在 pH 值为(　　　)的溶液中带正电荷。
   A. 4.0　　　　B. 4.7　　　　C. 5.0　　　　D. 7.2　　　　D. 8.0

5. 蛋白质一级结构是指(　　)。
   A. 氨基酸的性质　　　　　　B. 分子中的各种化学键
   C. 氨基酸残基的排列顺序　　D. 分子中的共价键
   E. 分子中的次级键

6. 嘌呤和戊糖形成糖苷键，其彼此连接的位置是(　　)。
   A. $N_9\text{-}C_1$　　B. $N_1\text{-}C_1$　　C. $N_3\text{-}C_1$　　D. $N_7\text{-}C_1$　　E. $N_9\text{-}C_3$

7. DNA 分子组成中不含有(　　)。
   A. dTMP　　B. UMP　　C. dAMP　　D. dCMP　　E. dGMP

8. 结合酶在(　　)时才具有催化活性。
   A. 以酶蛋白形式存在　　　B. 以辅酶形式存在　　　C. 以辅基形式存在
   D. 以全酶形式存在　　　　E. 以酶原形式存在

9. Km 是指(　　)。
   A. Vmax 时的[S]　　　　B. Vmax/2 时的[S]　　　　C. 2Vmax 时的[S]
   D. 3Vmax 时的[S]　　　E. 4Vmax 是的[S]

10. 下列(　　)属于结合酶。
    A. 脲酶　　　　　　　　B. 核糖核酸酶　　　　　　C. 胃蛋白酶
    D. 脂肪酶　　　　　　　E. 己糖激酶

11. 降低血糖浓度的激素有(　　)。
    A. 胰高血糖素　　　　　　B. 胰岛素　　　　　　　　C. 肾上腺素

　　　D．生长激素　　　　　　　　E．糖皮质激素

12．酶原之所以没有活性是由于(　　)。
　　　A．酶蛋白肽链合成不完全　　　　B．活性中心未形成或未暴露
　　　C．酶原是普通的蛋白质　　　　　D．缺乏辅酶或辅基
　　　E．活性中心外被覆盖

13．酶促反应中决定酶的专一性的是(　　)。
　　　A．结合基团　　　　　　B．催化基团　　　　　　C．辅酶
　　　D．酶蛋白　　　　　　　E．辅基

14．下列与辅酶概念相符的是(　　)。
　　　A．它是一种高分子有机化合物　　　B．不能用透析法将它与酶蛋白分开
　　　C．它与相应酶蛋白结构十分相似　　D．参与化学基团或电子的传递
　　　E．决定酶的专一性

15．一段 DNA 单链顺序为 5′-CGGTA-3′，它能与(　　)段 RNA 链杂交。
　　　A．5-UACCG-3　　　　　B．5-TAGGC-3　　　　　C．5-GCCAU-3
　　　D．5-GCCAT-3　　　　　E．5-TAGCU-3

16．组成蛋白质的氨基酸有(　　)。
　　　A．10 种　　　　　　　　B．15 种　　　　　　　　C．20 种
　　　D．25 种　　　　　　　　E．30 种以上

17．脂肪酸分解的主要方式是(　　)。
　　　A．α-氧化　　　　　　　B．ω-氧化　　　　　　　C．γ-氧化
　　　D．β-氧化　　　　　　　E．δ-氧化

18．丙酮酸在线粒体中主要生成的是(　　)。
　　　A．乳酸　　　　　　　　B．柠檬酸　　　　　　　C．乙酰辅酶 A
　　　D．丙酮酸　　　　　　　E．3-磷酸甘油醛

19．TCA 中有底物磷酸化的反应是(　　)。
　　　A．α-酮戊二酸→琥铂酰辅酶 A　　　B．琥铂酰辅酶 A→琥铂酸
　　　C．柠檬酸→α-酮戊二酸　　　　　　D．琥铂酸→苹果酸
　　　E．苹果酸—草酰乙酸

20．糖酵解中催化不可逆反应的酶是(　　)。
　　　A．磷酸葡萄糖变位酶　　　　　　B．磷酸己糖异构酶
　　　C．醛缩酶　　　　　　　D．乳酸脱氢酶　　　　　E．丙酮酸激酶

21．占体重比例大约百分之五的体液是(　　)。
　　　A．淋巴液　　　　　　　B．脑脊液　　　　　　　C．血液
　　　D．细胞内液　　　　　　E．细胞间液

22．在三羧酸循环中(　　)催化的反应可直接产生 GTP。
　　　A．苹果酸脱氢酶　　　　B．柠檬酸脱氢酶　　　　C．琥珀酸激酶
　　　D．琥珀酸脱氢酶　　　　E．α-酮戊二酸脱氢酶

23．下列与脂类运输有关的蛋白质是(　　)。
　　　A．核蛋白　　　　　　　B．糖蛋白　　　　　　　C．脂蛋白

D. 色蛋白   E. 磷蛋白

24. Preβ-LP 的功能是转运( )。
  A. 内源性脂肪   B. 外源性脂肪   C. 胆固醇
  D. 磷脂   E. 游离脂肪酸

25. 正常人的血浆 pH 值为( )。
  A. 6.0~6.5   B. 6.5~7.0   C. 7.35~7.45
  D. 7.5~8.0   E. 8.0~8.5

26. 人体内钠的主要排泄途径是( )。
  A. 肝脏   B. 肾脏   C. 皮肤   D. 小肠   E. 呼吸

27. 既能兴奋心肌又能抑制神经肌肉兴奋性的离子是( )。
  A. Fe^{2+} B. Na^+ C. K^+ D. Ca^{2+} E. Mg^{2+}

28. 维持细胞内液和细胞外液渗透压平衡的离子是( )。
  A. 钾离子和钠离子   B. 钾离子和镁离子   C. 钠离子和钙离子
  D. 镁离子和钙离子   E. 钙离子和氢离子

29. Cyt 传递电子的顺序是( )。
  A. $c \rightarrow c_1 \rightarrow b \rightarrow aa_3 \rightarrow O_2$ B. $b \rightarrow c_1 \rightarrow c \rightarrow aa_3 \rightarrow O_2$ C. $c_1 \rightarrow c \rightarrow b \rightarrow aa_3 \rightarrow O_2$
  D. $c \rightarrow b \rightarrow aa_3 \rightarrow c \rightarrow O_2$ E. $aa_3 \rightarrow b \rightarrow c \rightarrow c_1 \rightarrow O_2$

30. 氨在人体内最主要的去路是( )。
  A. 合成尿素，由尿液排出体外   B. 生成谷氨酰胺
  C. 合成非必需氨基酸   D. 合成碱基   E. 生成 α-酮酸

31. 正常人空腹时不含有( )脂蛋白。
  A. CM   B. VLDL   C. LDL   D. HDL   E. IDL

32. 人体内进行氧化脱氨基作用的主要是( )。
  A. 所有氨基酸   B. 丙氨酸   C. 谷氨酸
  D. 天冬氨酸   E. 组氨酸

33. 脂肪组织大量动员时，肝内乙酰辅酶 A 的主要趋向是合成( )。
  A. 脂肪酸   B. 胆固醇   C. 酮体
  D. 葡萄糖   E. 蛋白质

34. 氧化磷酸化中的解偶联物质是( )。
  A. 一氧化碳   B. 2,4-二硝基苯酚   C. 鱼藤酮
  D. 氰化物   E. ATP

35. 下列不参与组成呼吸链的化合物是( )。
  A. NADH   B. $FADH_2$ C. CoQ
  D. 肉碱   E. Cytb

二、B1 型选择题(以下提供若干组考题，每组考题共用在考题前列出的 A、B、C、D、E 五个备选答案，请从中选择一个与问题关系最密切的答案，每小题 2 分，共 24 分)

(36、37 题备选答案)
  A. HDL   B. apo   C. FA   D. GPT   E. ATP

36. 能对抗动脉硬化的是(　　)。
37. 载脂蛋白是指(　　)。

(38～40 题备选答案)

　　A. 维生素 K　　　　　　B. 维生素 B_{12}　　　　　C. 维生素 E
　　D. 维生素 C　　　　　　E. 维生素 A

38. 与合成视紫红质有关的是(　　)。
39. 与生育有关的是(　　)。
40. 缺乏后可引起出血倾向的是(　　)。

(41～45 题备选答案)

　　A. 运输作用　　　　　　B. 2500 毫升　　　　　C. 钾离子
　　D. 增强心肌兴奋性　　　E. 葡萄糖

41. 大量输入时易引起低血钾的是(　　)。
42. 水的生理功能是(　　)。
43. 正常人每天水的摄入量平均是(　　)。
44. 钙离子的作用是(　　)。
45. 可抑制心肌兴奋性的是(　　)。

(46、47 题备选答案)

　　A. 一级结构　　　　　　B. 二级结构　　　　　C. 超二级结构
　　D. 三级结构　　　　　　E. 四级结构

46. 多肽链中氨基酸的排列顺序是(　　)。
47. 蛋白质分子中各亚基的空间排布和相互作用是(　　)。

三、名词解释(每小题 3 分，共 15 分)

1. 糖酵解
2. 生物氧化
3. 氧化磷酸化
4. 一碳单位
5. 同工酶

四、问答题(每小题 5 分，共 10 分)

1. 简述血糖的来源及去路。
2. 什么是脂肪酸 β-氧化？简述脂肪酸 β-氧化的基本过程。

五、实例分析(每小题 8 分，共 16 分)

1. 感冒或患传染性疾病时，为什么体温会升高？
2. 为什么剧烈运动后，肌肉常有酸疼的感觉？

综合测试题(五)

一、A 型选择题(以下每一考题下面有 A、B、C、D、E 五个备选答案，请从中选出一个最佳答案，每小题 1 分，共 30 分)

1. 蛋白质分子的主键是(   )。
   A. 肽键　　B. 盐键　　C. 二硫键　　　D. 氢键　　E. 离子键
2. 蛋白质元素组成的特点是含有 16%相对恒定量的元素(   )。
   A. C　　　B. N　　　C. H　　　　D. O　　　E. S
3. RNA 中有，DNA 中没有的碱基是(   )。
   A. A　　　B. C　　　C. G　　　　D. T　　　E. U
4. 核酸的基本组成单位是(   )。
   A. 核苷　　　　B. 核苷酸　　　　　C. 戊糖
   D. 磷酸和戊糖　　E. 磷酸核
5. 维生素 D 的活性形式是(   )。
   A. FH_4　　　　B. 1,25-(OH)2-V.D_3　　C. 25-(OH)-V.D_3
   D. 1-(OH)-V.D_3　E. 6-(OH)-V.D_3
6. 坏血病是由于缺乏(   )。
   A. VK　　B. VE　　C. VD　　　D. VPP　　E. VC
7. 酶的化学本质是(   )。
   A. 核酸　　B. 蛋白质　C. 多糖　　D. 脂类　　E. 胆固醇
8. 细胞内液中的主要阳离子是(   )。
   A. 钠离子　　　　B. 钾离子　　　　C. 镁离子
   D. 钙离子　　　　E. 氢离子
9. 血脂不包括(   )。
   A. TG(甘油三酯)　　　　B. LP(磷脂)
   C. Fch(游离胆固醇)和 ChE (胆固醇酯)
   D. FFA (游离脂肪酸)　　　E. 胆汁酸
10. 糖分解代谢的主要途径是(   )。
    A. 糖原合成　　B. 糖酵解　　　C. 磷酸戊糖途径
    D. 糖有氧氧化　　E. 糖异生作用
11. 糖酵解时，一分子葡萄糖净产生的能量有(   )。
    A. 3 个 ATP　　B. 4 个 ATP　　C. 5 个 ATP
    D. 38 个 ATP　　E. 2 个 ATP

12. 糖有氧氧化的最终产物是(　　)。
   A. CO_2+H_2O+ATP　　　　B. 乳酸　　　　　　　　C. 丙酮酸
   D. 乙酰 CoA　　　　　　　　E. 柠檬酸

13. 糖异生的限速酶不包括(　　)。
   A. 丙酮酸羧化酶　　　　　　B. 磷酸果糖激酶　　　　C. 磷酸烯醇式丙酮酸羧激酶
   D. 葡萄糖-6-磷酸酶　　　　　E. A+C

14. 人体内氨的去路主要是(　　)。
   A. 转化为胺　　　　　　　　B. 在肝中合成尿素，由胆道排除
   C. 合成 NPN　　　　　　　　D. 在肝中合成尿素，由肾排除
   E. 重新合成氨基酸

15. 白化病患者体内缺乏(　　)。
   A. 酪氨酸酶　　　　　　　　B. 苯丙氨酸酶　　　　　C. 色氨酸酶
   D. 葡萄糖磷酸化酶　　　　　E. 果糖磷酸激酶

16. 下列(　　)不是一碳单位。
   A. CO_2　　　B. $-CH_3$　　　C. $\geqslant CH$　　　　　D. $>CH_2$　　　E. $-CH_2OH$

17. 下列具有抗动脉硬化作用的是(　　)。
   A. CM　　　B. VLDL　　　C. LDL　　　D. HDL　　　E. LDH

18. 营养不良的人属于(　　)。
   A. 氮总平衡　　　　　　　　B. 氮正平衡　　　　　　C. 氮负平衡
   D. 蛋白质平衡　　　　　　　E. 氨基酸平衡

19. 可提示性(辅助)诊断急性肝炎是(　　)。
   A. GTP↑　　　B. ALT↑　　　C. GOT↑　　　D. AST↑　　　E. LDH↑

20. 细胞外液中主要的阳离子是(　　)。
   A. Na^+　　　B. K^+　　　C. Ca^{2+}　　　D. Mg^{2+}　　　E. 以上都不是

21. 正常成人每天的需水量为(　　)。
   A. 1000mL　　B. 1200 mL　C. 2000 mL　D. 2500 mL　E. 5000 mL

22. 正常人血浆中的 Ca 和 P 的乘积以 mg/dL 表示时范围在(　　)内。
   A. 20~25　　B. 25~30　　C. 30~35　　D. 35~40　　E. 40~45

23. 合成酮体的主要器官是(　　)。
   A. 红细胞　　B. 脑　　　C. 骨骼肌　　D. 肝　　　E. 肾

24. 结合胆红素是(　　)。
   A. 胆素原　　　　　　　　　B. 胆红素-BSP　　　　　C. 胆红素-Y 蛋白
   D. 胆红素-Z 蛋白　　　　　E. 葡萄糖醛酸胆红素

25. 胆色素不包括(　　)。
   A. 胆红素　　　　　　　　　B. 胆绿素　　　　　　　C. 胆素原
   D. 胆素　　　　　　　　　　E. 细胞色素

26. ATP 的生成方式有(　　)。
   A. 普通磷酸化反应　　　　　B. 底物磷酸化反应　　　C. 氧化磷酸化反应
   D. A+B　　　　　　　　　　E. B+C

27. 氧化磷酸化的偶联部位在 NADH 呼吸链中有(　　)。
　　A．4 个　　　B．3 个　　　C．2 个　　　D．1 个　　　E．5 个
28. 感冒病人发烧的原因是(　　)。
　　A．ADP 的影响　　　　　　B．ATP 的影响　　　　　　C．甲状腺素的影响
　　D．阻断剂的影响　　　　　E．解偶联剂的影响
29. 小肠吸收的脂肪被下列(　　)成分运输至脂库。
　　A．CM　　　　　　　　　B．β-LP　　　　　　　　C．pre β-LP
　　D．α-LP　　　　　　　　E．Apo
30. 脂肪酸 β-氧化不包括(　　)。
　　A．活化　　B．脱氢　　C．加水　　D．再脱氢　　E．硫解

二、X 型选择题(以下每一考题下面有 A、B、C、D、E 五个备选答案，其中至少有两个正确答案，请从中选出所有的正确答案，每小题 2 分，共 10 分)

1. 给人体的生命活动提供能量的物质是(　　)。
　　A．蛋白质　　B．糖　　　C．水　　　D．无机盐　　　E．脂肪
2. DNA 分子中碱基配对的规律是(　　)。
　　A．A 对 T　　B．A 对 U　　C．G 对 C　　D．G 对 T　　　E．C 对 U
3. 磺胺类药物抑制细菌生长繁殖的原理是(　　)。
　　A．直接使细菌蛋白质变性　　　　B．抑制了二氢叶酸还原酶的活性
　　C．与对氨基苯甲酸竞争　　　　　D．抑制二氢叶酸合成酶的活性
　　E．与草酰乙酸竞争
4. 下列能直接进入三羧酸循环或属于三羧酸循环的中间产物的是(　　)。
　　A．草酰乙酸　　　　　B．丙酮酸　　　　　C．柠檬酸
　　D．乙酰 CoA　　　　　E．苹果酸
5. 体内调节酸碱平衡的机构有(　　)。
　　A．肝脏　　　　　　　B．血液　　　　　　C．肾脏
　　D．心脏　　　　　　　E．肺脏

三、填空题(每空 1 分，共 20 分)

1．影响酶活性的因素有_____、_____、_____、_____、_____、_____。
2．糖异生有四个关键酶即_____、_____、_____、_____。
3．超速离心法(密度法)可将血浆脂蛋白分为四种，分别是_____、_____、_____、_____。
4．NADH 氧化呼吸链和 FADH 氧化呼吸链中发生氧化磷酸化的次数分别是_____和_____次。
5．乳酸脱氢酶(LDH)存在_____种同工酶，心肌梗死见于_____的活性升高，急性肝病见于_____的活性升高。
6．DNA 二级结构的基本形式是_____。

四、名词解释题(每小题 5 分，共 20 分)

1. 同工酶
2. 氧化磷酸化
3. 酮体
4. 生物转化

五、简答题(每小题 10 分，共 20 分)

1. 简述 NADH 氧化呼吸链的递氢顺序。
2. 简述三羧酸循环的定义及简要过程。

综合测试题(六)

一、A型选择题(以下每一考题下面有 A．B．C．D、E 五个备选答案，请从中选择一个最佳答案。每小题 1 分，共 20 分)。

1．严重饥饿时肝脏的主要代谢途径是(　　)。
　　A．蛋白质合成　　　　　B．糖的有氧氧化　　　　C．脂肪的合成
　　D．糖异生　　　　　　　E．糖酵解

2．溶血性黄疸患者的胆色素代谢改变有(　　)。
　　A．粪便颜色加深　　　　B．粪便颜色变浅　　　　C．尿中有大量胆红素
　　D．血中游离胆红素升高　E．血中结合胆红素明显升高

3．下列关于肾脏对钾盐排泄的叙述，(　　)是错误的。
　　A．多吃多排　　　　　　B．少吃少排　　　　　　C．不吃不排
　　D．不吃也排　　　　　　E．易缺钾

4．下列不属于高能化合物的是(　　)。
　　A．ATP　　　　　　　　B．乙酰辅酶 A　　　　　C．琥珀酰辅酶 A
　　D．UTP　　　　　　　　E．6-磷酸葡萄糖

5．蛋白质的基本组成单位是(　　)。
　　A．氨基酸　　　　　　　B．核苷酸　　　　　　　C．肽
　　D．肽键　　　　　　　　E．戊糖

6．蛋白质中含量较稳定约占其 16% 的元素是(　　)。
　　A．C　　　B．H　　　C．O　　　D．N　　　E．P

7．RNA 中有，DNA 中没有的碱基是(　　)。
　　A．A　　　B．G　　　C．C　　　D．T　　　E．U

8．蛋白质变性是指(　　)。
　　A．一级结构被破坏，生物学活性改变
　　B．空间结构被破坏，生物学活性丧失
　　C．空间结构改变，理化性质不变
　　D．一级结构被破坏，生物学活性改变
　　E．一级结构和空间结构同时被破坏，溶解度降低

9．核酸的最大紫外吸收峰在(　　)。
　　A．280 nm　　　　　　　B．270 nm　　　　　　　C．260 nm
　　D．250 nm　　　　　　　E．240 nm

10．脂类是指(　　)。

A. 脂肪和类脂　　　　　B. 甘油三酯　　　　C. 脂肪类物质

D. 脂肪和磷脂　　　　　E. 脂肪

11. 酶原激活的实质是(　　)。

A. 酶蛋白的合成　　　　　　　　B. 活性中心的形成或暴露

C. 必需基团的形成　　　　　　　D. 酶蛋白与辅助因子的结合

E. 酶原已是变性的蛋白质

12. LDH(乳酸脱氢酶)有(　　)种同工酶。

A. 2　　　B. 3　　　C. 4　　　D. 5　　　E. 6

13. 1分子葡萄糖完全进行有氧氧化可生成 ATP(　　)。

A. 1分子　　B. 2分子　　C. 10分子　　D. 30分子　　E. 38分子

14. 糖酵解的最终产物是(　　)。

A. 乳糖　　B. 乳酸　　C. 丙酮酸　　D. 乙酰 CoA　　E. 柠檬酸

15. 细胞色素在呼吸链中传递电子的顺序是(　　)。

A. $b \to c \to c_1 \to aa_3$　　　　B. $aa_3 \to b \to c_1 \to c$　　　C. $b \to c_1 \to c \to aa_3$

D. $b \to a \to a_3 \to c \to c_1$　　E. $b \to c_1 \to c \to a \to a_3$

16. 白化病患者体内缺乏(　　)。

A. 酪氨酸酶　　　　B. 酪氨酸羟化酶　　　　C. 色氨酸酶

D. 苯丙氨酸酶　　　E. 果糖磷酸激酶

17. 酮体生成的部位是(　　)。

A. 肝　　B. 脑　　C. 骨骼肌　　D. 心肌　　E. 肾

18. 1分子软脂酸(16C)彻底氧化分解可产生 ATP(　　)。

A. 12分子　　B. 38分子　　C. 95分子　　D. 129分子　　E. 146分子

19. 正常人血浆中 $NaHCO_3/H_2CO_3$ 的值为(　　)。

A. 10/1　　B. 15/1　　C. 20/1　　D. 25/1　　E. 30/1

20. 我国营养学会推荐的成人每日蛋白质需要量为(　　)。

A. 20g　　B. 35g　　C. 60g　　D. 80g　　E. 100g

二、B1 型选择题(以下提供若干组考题，每组考题共用在考题前列出的 A、B、C、D、E 五个备选答案，请从中选择一个与问题关系最密切的答案，某个备选答案可能被选择一次，多次或不被选择，每小题 1 分，共 10 分)

(21～23 题备选答案)

A. 呼吸性酸中毒　　　　B. 呼吸性碱中毒　　　　C. 代谢性酸中毒

D. 代谢性碱中毒　　　　E. 以上均有可能

21. 剧烈呕吐丢失大量胃液，可能发生(　　)。

22. 严重腹泻时可能发生(　　)。

23. 呼吸道梗阻时可能发生(　　)。

(24～27 题备选答案)

A. 心肌　　B. 脑　　C. 骨骼肌　　D. 肝　　E. 肾

24．谷草转氨酶(天冬氨酸氨基转移酶)活性最高的器官是(　　　)。

25．谷丙转氨酶(丙氨酸氨基转移酶)活性最高的器官是(　　　)。

26．进行尿素合成的器官是(　　　)。

27．进行人体激素灭活的主要器官是(　　　)。

(28～30题备选答案)

　　A．1　　　　B．2　　　　C．3　　　　D．4　　　　E．0

28．$FADH_2$氧化呼吸链中有几个ATP的偶联部位。(　　　)

29．NADH氧化呼吸链中有几个ATP的偶联部位。(　　　)

30．1分子葡萄糖进行糖酵解可生成ATP多少分子。(　　　)。

三、X型选择题(以下每一考题下面有A、B、C、D、E五个备选答案，其中至少有两个正确答案，请从中选出所有的正确答案，每小题2分，共20分)。

31．下列属于酸性氨基酸的是(　　　)。

　　A．组氨酸　　　　　　　B．谷氨酸　　　　　　　C．精氨酸

　　D．天冬氨酸　　　　　　E．赖氨酸

32．以下属于营养必需氨基酸的是(　　　)。

　　A．甘氨酸　　　　　　　B．赖氨酸　　　　　　　C．亮氨酸

　　D．色氨酸　　　　　　　E．谷氨酸

33．影响酶促反应的因素有(　　　)。

　　A．温度　　　　　　　　B．pH值　　　　　　　　C．酶浓度

　　D．底物浓度　　　　　　E．激活剂和抑制剂

34．以下构成DNA的碱基有(　　　)。

　　A．腺嘌呤　　　　　　　B．鸟嘌呤　　　　　　　C．胞嘧啶

　　D．尿嘧啶　　　　　　　E．胸腺嘧啶

35．机体对酸碱平衡的调节主要依靠(　　　)。

　　A．血液缓冲体系　　　　B．肺的呼吸功能　　　　C．肝脏的解毒作用

　　D．肾脏的排泄和重吸收　E．内分泌系统的调节

36．三羧酸循环过程中的限速酶包括(　　　)。

　　A．己糖激酶　　　　　　B．葡萄糖-6-磷酸酶　　　C．柠檬酸合酶

　　D．异柠檬酸脱氢酶　　　E．α-酮戊二酸脱氢酶系

37．下列物质属于一碳单位的是(　　　)。

　　A．$-CH_2-$　　　　　　B．$=CH-$　　　　　　　C．$-CH=NH$

　　D．$-CH_3$　　　　　　　E．CO_2

38．以下属于成碱性食物的有(　　　)。

　　A．糖　　　B．水果　　　C．脂肪　　　D．鸡蛋　　　E．蔬菜

39．酮体包括(　　　)。

　　A．乙酰乙酸　　　　　　B．β-羟丁酸　　　　　　C．丙酮酸

　　D．丙酮　　　　　　　　E．乙酰CoA

40. 胆色素包括(　　)。

    A. 胆红素　　　　　　　　B. 胆黄素　　　　　　　　C. 胆绿素

    D. 胆素原　　　　　　　　E. 胆素

四、简答题(每小题 10 分，共 20 分)

1. 什么是血糖？正常人空腹时的血糖值是多少？简述血糖的来源与去路。

2. 简述水的生理功能及水的摄入和排出。

综合测试题(七)

一、A 型选择题(以下每一考题下面有 A、B、C、D、E 五个备选答案，请从中选出一个最佳答案，每小题 1 分，共 45 分)

1. 下列(　　)为非编码氨基酸。
   A. 谷氨酸　　　　　　　　B. 组氨酸　　　　　　　　C. 鸟氨酸
   D. 甘氨酸　　　　　　　　E. 亮氨酸

2. 蛋白质变性是由于(　　)。
   A. 氨基酸排列顺序的改变　　B. 肽键断裂　　　　　　C. 蛋白质水解
   D. 蛋白质空间结构的破坏　　E. 氨基酸数量的改变

3. 测得 100 克生物样品氮的含量为 2 克，那么该样品中蛋白质的含量大约为(　　)。
   A. 6.25%　　B. 12.5%　　　C. 1%　　　D. 2%　　　E. 20%

4. 血清白蛋白(pI=4.7)在 pH 值为(　　)的溶液中带正电荷。
   A. 4.0　　　B. 4.7　　　　C. 5.0　　　D. 7.2　　　E. 8.0

5. 在 pH 值为 8.6 的缓冲液中进行血清醋酸纤维素薄膜电泳，可把血清蛋白质分为 5 条带，从负极数起它们的顺序是(　　)。
   A. $\alpha1$ 、$\alpha2$、β、γ、A　　　B. A、$\alpha1$ 、$\alpha2$、β、γ
   C. γ、β、$\alpha2$ 、$\alpha1$、A　　　D. β、γ、$\alpha2$ 、$\alpha1$、A
   E. A、γ、β、$\alpha2$ 、$\alpha1$

6. 蛋白质一级结构是指(　　)。
   A. 氨基酸的性质　　　　　　B. 分子中的各种化学键
   C. 氨基酸残基的排列顺序　　D. 分子中的共价键
   E. 分子中的次级键

7. 嘌呤和戊糖形成糖苷键，其彼此连接的位置是(　　)。
   A. N_9-C_1　　　　　　B. N_1-C_1　　　　　C. N_3-C_1
   D. N_7-C_1　　　　　　E. N_9-C_3

8. DNA 分子组成中不含有(　　)。
   A. dTMP　　B. UMP　　C. dAMP　　　D. dCMP　　　E. dGMP

9. 结合酶在(　　)才具有催化活性。
   A. 以酶蛋白形式存在时　　　B. 以辅酶形式存在时
   C. 以辅基形式存在时　　　　D. 以全酶形式存在时
   E. 以酶原形式存在时

10. Km 是指(　　)。

A. Vmax 时的[S]   B. Vmax/2 时的[S]   C. 2Vmax 时的[S]

D. 3Vmax 时的[S]   E. 4Vmax 是的[S]

11. 一个 12 碳饱和脂肪酸彻底氧化分解后净生成的 ATP 数是(　　)。

A. 57   B. 95   C. 97   D. 65   E. 129

12. 下列属于结合酶的是(　　)。

A. 脲酶   B. 核糖核酸酶   C. 胃蛋白酶

D. 脂肪酶   E. 己糖激酶

13. 降低血糖浓度的激素有(　　)。

A. 胰高血糖素   B. 胰岛素   C. 肾上腺素

D. 生长激素   E. 糖皮质激素

14. 酶原之所以没有活性是由于(　　)。

A. 酶蛋白肽链合成不完全   B. 活性中心未形成或未暴露

C. 酶原是普通的蛋白质   D. 缺乏辅酶或辅基

E. 活性中心外部被覆盖

15. 酶促反应中决定酶的专一性的是(　　)。

A. 结合基团   B. 催化基团   C. 辅酶

D. 酶蛋白   E. 辅基

16. 下列关于酶的活性中心的叙述不正确的是(　　)。

A. 活性中心内有结合基团和催化基团

B. 活性中心只作为必需基团起作用而与整个酶分子无关

C. 辅酶或辅基是必需基团之一

D. 活性中心的构象需与底物相适应

E. 活性中心的构象被破坏，酶失活

17. 下列与辅酶概念相符的是(　　)。

A. 它是一种高分子有机化合物   B. 不能用透析法与将它酶蛋白分开

C. 它与相应酶蛋白结构十分相似   D. 参与化学基团或电子的传递

E. 决定酶的专一性

18. 一段 DNA 单链顺序为 5-CGGTA-3，它能与下列(　　)段 RNA 链杂交。

A. 5-UACCG-3   B. 5-TAGGC-3   C. 5-GCCAU-3

D. 5-GCCAT-3   E. 5-TAGCU-3

19. 组成蛋白质的氨基酸有(　　)。

A. 10 种   B. 15 种   C. 20 种   D. 25 种   E. 30 种以上

20. 某蛋白质的 pI 是 6.0，在 pH 值为 4.2 的溶液中，应以(　　)形式存在。

A. 正离子   B. 负离子   C. 兼性离子

D. 分子状态   E. 游离氨基酸

21. 脂肪酸分解的主要方式是(　　)。

A. α-氧化   B. ω-氧化   C. γ-氧化

D. β-氧化   E. δ-氧化

22. 丙酮酸在线粒体中主要生成的是(　　)。

A. 乳酸　　　　　　　　B. 柠檬酸　　　　　　　C. 乙酰辅酶 A

D. 丙酮酸　　　　　　　E. 3-磷酸甘油醛

23. 肝脏生成乙酰乙酸的直接前体是(　　)。

A. β-羟丁酸　　　　　　B. 乙酰 CoA　　　　　　C. 甲羟戊酸

D. β-羟基-β-甲基戊二酰 CoA(HMG-CoA)　　　　E. 乙酰乙酰辅酶 A

24. TCA 中有底物磷酸化的反应是(　　)。

A. α-酮戊二酸→琥铂酰辅酶 A　　　　B. 琥铂酰辅酶 A→琥铂酸

C. 柠檬酸→α-酮戊二酸　　　　　　　D. 琥铂酸→苹果酸

E. 苹果酸—草酰乙酸

25. 糖酵解中催化不可逆反应的酶是(　　)。

A. 磷酸葡萄糖变位酶　　B. 磷酸己糖异构酶　　　C. 醛缩酶

D. 乳酸脱氢酶　　　　　E. 丙酮酸激酶

26. 占体重比例大约 5% 的体液是(　　)。

A. 淋巴液　　　　　　　B. 脑脊液　　　　　　　C. 血液

D. 细胞内液　　　　　　E. 细胞间液

27. 在三羧酸循环中(　　)催化的反应可直接产生 GTP。

A. 苹果酸脱氢酶　　　　B. 柠檬酸脱氢酶　　　　C. 琥珀酸激酶

D. 琥珀酸脱氢酶　　　　E. α-酮戊二酸脱氢酶

28. 下列与脂类运输有关的蛋白质是(　　)。

A. 核蛋白　　　　　　　B. 糖蛋白　　　　　　　C. 脂蛋白

D. 色蛋白　　　　　　　E. 磷蛋白

29. Preβ-LP 的功能是转运(　　)。

A. 内源性脂肪　　　　　B. 外源性脂肪　　　　　C. 胆固醇

D. 磷脂　　　　　　　　E. 游离脂肪酸

30. 正常人的血浆 pH 值为(　　)。

A. 6.0～6.5　　　　　　B. 6.5～7.0　　　　　　C. 7.35～7.45

D. 7.5～8.0　　　　　　E. 8.0～8.5

31. 人体内钠的主要排泄途径是(　　)。

A. 肝脏　　　B. 肾脏　　　C. 皮肤　　　D. 小肠　　　E. 呼吸

32. 磷酸果糖激酶催化的产物是(　　)。

A. 1,4-二磷酸果糖　　　B. 1-磷酸果糖　　　　　C. 6-磷酸果糖

D. 1,6-二磷酸果糖　　　E. 1,3 二磷酸果糖

33. 既能兴奋心肌又能抑制神经肌肉兴奋性的离子是(　　)。

A. Fe^{2+}　　　B. Na^+　　　C. K^+　　　D. Ca^{2+}　　　E. Mg^{2+}

34. 维持细胞内液和细胞外液渗透压平衡的离子是(　　)。

A. 钾离子和钠离子　　　B. 钾离子和镁离子　　　C. 钠离子和钙离子

D. 镁离子和钙离子　　　E. 钙离子和氢离子

35. Cyt 传递电子的顺序是(　　)。

A. $c→c_1→b→aa_3→O_2$　　B. $b→c_1→c→aa_3→O_2$　　C. $c_1→c→b→aa_3→O_2$

D. c→b→aa₃→c→O₂　　　　E. aa₃→b→c→c₁→O₂

36. 氨在人体内最主要的去路是(　　)。
　　A. 合成尿素，由尿液排出体外　　　　B. 生成谷氨酰胺
　　C. 合成非必需氨基酸　　　　　　　　D. 合成碱基
　　E. 生成 α-酮酸

37. 抽取病人血液时如果溶血，可使离子(　　)假性升高。
　　A. Na^+　　B. Ca^{2+}　　C. K^+　　D. Fe^{2+}　　E. Zn^{2+}

38. 嘌呤核苷酸循环只在(　　)中进行。
　　A. 肝　　　B. 肾　　　C. 肌肉　　　D. 大脑　　　E. 肺

39. 正常人空腹时不应该含有的脂蛋白是(　　)。
　　A. CM　　B. VLDL　　C. LDL　　D. HDL　　E. IDL

40. 下列能被 2,4-二硝基苯酚(2,4-DNP)抑制的代谢是(　　)。
　　A. 底物磷酸化　　　B. 氧化磷酸化　　　C. 糖酵解
　　D. 糖异生　　　　　E. 酮体生成

41. 小肠消化吸收的甘油三酯需要被运输到脂肪组织中储存，其运输载体是(　　)。
　　A. CM　　B. VLDL　　C. LDL　　D. HDL　　E. IDL

42. (　　)情况下可致代谢性酸中毒。
　　A. 严重呕吐　　　　B. 糖尿病或饥饿　　　C. 输入碳酸氢钠过多
　　D. 低血钾　　　　　E. 通气过度

43. 人体内进行氧化脱氨基作用的主要是(　　)。
　　A. 所有氨基酸　　　B. 丙氨酸　　　C. 谷氨酸
　　D. 天冬氨酸　　　　E. 组氨酸

44. 脂肪组织大量动员时，肝内乙酰辅酶 A 主要趋向是合成(　　)。
　　A. 脂肪酸　　　　　B. 胆固醇　　　C. 酮体
　　D. 葡萄糖　　　　　E. 蛋白质

45. 人脑中的 γ-氨基丁酸(GABA)是由什么物质代谢产生的(　　)。
　　A. α-酮戊二酸　　　B. 丙酮酸　　　C. 天门冬氨酸
　　D. 谷氨酸　　　　　E. 丙氨酸

二、填空题(每小题 1 分，共 35 分)

1. 生物化学是研究生物体的_____、_____以及生命活动过程中_____的基础生命科学。

2. 生物化学的发展可大致分为三个阶段，即_____、_____、_____。

3. 生物体主要由_____、_____、_____、_____四种元素组成，各种元素以一定的化学键构成约_____种构建分子。

4. 新陈代谢包括_____和_____，两者互为条件、相互依存，紧密联系在一起。_____是生命的基本特征之一。

5. 人体蛋白质的平均含氮量为_____。

6. 蛋白质分子的基本组成单位是_____，构成人体的氨基酸有_____种。

7. 构成人体的酸性氨基酸有_____、_____；碱性氨基酸有_____、_____、_____。

8. 蛋白质的二级结构主要有_____、_____、_____、_____结构。维持蛋白质二级结构的主要化学键是_____。

9. 核酸可分为_____和_____。

10. 核酸的元素组成特点为含磷量平均为_____左右。

11. 核酸的基本组成单位为_____。核苷酸的组成成分包括_____、_____、_____。

12. DNA一级结构是指核苷酸链上的_____，主键为_____。

13. 碱基互补配对原则是指A与_____配对，G与_____配对。

14. RNA主要类型包括_____、_____、_____。

15. 酶是由_____产生的，具有催化活性的_____。

16. 结合酶由_____和_____两部分组成，其中任何一部分都____催化活性，只有_____才有催化活性。

17. 磺胺类药物的抑菌机制属于_____性抑制；有机磷中毒属于_____性抑制。

18. 酶促反应的四个特点是_____、_____、_____、_____。

19. 影响酶促反应速度的因素有_____、_____、_____、_____。

20. 人体内的糖主要是_____和_____。

21. 糖在体内的主要功能是_____，人体每日所需能量大约_____是由糖氧化分解供给的。

22. 人体内糖的氧化分解代谢途径主要有_____、_____、_____。

23. 糖无氧氧化的关键酶有_____、_____、_____。

24. 三羧酸循环的关键酶有_____、_____、_____。

25. 糖原合成的关键酶为_____；糖原分解的关键酶为_____。

26. 正常人空腹时血糖浓度为_____。空腹血糖浓度超过_____时称之为高血糖，低于_____时称之为低血糖。

27. 糖异生的主要场所是_____，其次是_____。

28. 降低血糖浓度的激素是_____，升高血糖浓度的激素有_____、_____等。体内调节血糖浓度的主要器官是_____。

29. 脂肪酸的合成主要在_____进行，合成原料中的供氢体是_____、它主要来自_____。

30. 脂肪酸β-氧化的基本过程为_____、_____、_____、_____。

31. 酮体包括_____、_____和_____。

32. 脂肪动员的关键酶是_____；脂肪酸β-氧化的关键酶是_____；

33. 酮体合成的关键酶是_____；胆固醇合成的关键酶是_____。

34. 糖尿病的临床表现为"三多一少"症状，即_____、_____、_____

_____、_____。

35. 导致动脉粥样硬化的脂蛋白是_____；防止动脉粥样硬化的脂蛋白是_____。

三、名词解释(每小题 2 分，共 10 分)

1. 必需氨基酸
2. 增色效应
3. 酶的活性中心
4. 同工酶
5. 糖异生

四、问答题(每小题 2 分，共 10 分)

1. 详述磺胺类药物抑制细菌生长繁殖的原因。
2. 详述肝昏迷患者禁用碱性利尿剂的原因。

综合测试题(八)

一、A 型选择题(以下每一考题下面有 A、B、C、D、E 五个备选答案，请从中选出一个最佳答案，每小题 1 分，共 30 分)

1. 能够参与合成蛋白质的氨基酸的构型为( )。
   A．除甘氨酸外均为 L 系   B．除丝氨酸外均为 L 系   C．均只含 α-氨基
   D．旋光性均为左旋   E．以上说法均不对

2. 下列不含极性链的氨基酸是( )。
   A．酪氨酸   B．苏氨酸   C．亮氨酸
   D．半胱氨酸   E．丝氨酸

3. 下列有关酶的各项叙述，正确的是( )。
   A．蛋白质都有酶活性   B．酶的底物均是有机化合物
   C．酶在催化时都不需要辅助因子   D．酶不见得都是蛋白质
   E．酶对底物有绝对的专一性

4. Km 值的概念是( )。
   A．达到 Vmax 所需底物的浓度   B．与底物毫无关系
   C．酶一底物复合物的解离常数   D．酶在同一反应中 Km 值随浓度而变化
   E．是达到 1/2Vmax 时的底物浓度

5. 酶的竞争性抑制剂具有的效应是( )。
   A．Km 值降低，Vmax 变大   B．Km 值增大，Vmax 变大
   C．Km 值不变，Vmax 不变   D．Km 值增大，Vmax 不变
   E．Km 值和 Vmax 均降低

6. 乳酸脱氢酶能够形成( )种同工酶。
   A．5 种   B．7 种   C．3 种
   D．4 种   E．6 种

7. 真核生物的 mRNA 大多数在 5′ 端有( )。
   A．多种终止密码子   B．一个帽子结构   C．一个起始密码子
   D．一个聚 A 尾巴   E．多个 CCA 序列

8. 关于 RNA 的叙述，错误的是( )。
   A．主要有 mRNA、tRNA、rRNA 三大类
   B．胞质中只有一种 RNA，即 mRNA
   C．最小的一种 RNA 是 tRNA

  D. 原核生物没有 hmRNA

  E. 原核生物没有 snRNA

9. 肝内糖酵解的功能主要是(　　)。

  A. 进行糖酵解　　　　　　B. 对抗糖异生　　　　　C. 提供合成的原料

  D. 分解戊糖磷酸　　　　　E. 对糖进行有氧氧化以供应能量

10. 葡萄糖在合成糖元时，每加上 1 个葡萄糖残基需消耗(　　)。

  A. 7 个高能磷酸键　　　　B. 3 个高能磷酸键　　　　C. 5 个高能磷酸键

  D. 6 个高能磷酸键　　　　E. 4 个高能磷酸键

11. 三羧酸循环中，有一个调节运转的最重要的酶，它是(　　)。

  A. α-酮戊二酸脱氢酶　　　B. 异柠檬酸脱氢酶　　　C. 异柠檬酸合成酶

  D. 苹果酸脱氢酶　　　　　E. 丙酮酸脱氢酶

12. P/O 指的是(　　)。

  A. 每消耗一摩尔氧所消耗无机磷的克原子数

  B. 每消耗一摩尔氧所消耗的无机磷克数

  C. 每合成一摩尔氧所消耗 ATP 摩尔数

  D. 每消耗一摩尔氧所消耗无机磷摩尔数

  E. 以上说法均不对

13. 生物合成胆固醇的限速步骤是(　　)。

  A. 羊毛固醇→胆固醇　　　B. 2 乙酰 CoA→3-羟-3-甲基戊二酰 CoA

  C. 鲨烯→羊毛固醇　　　　D. 3-羟-3-甲基戊二酰 CoA→甲基二羟戊酸

  E. 焦磷酸龙牛儿酯→焦磷酸法呢酯

14. 脂酸在肝脏进行 β 氧化时不能生成(　　)。

  A. NADH　　　　　　　　B. 脂酰 CoA　　　　　　C. $FADH_2$

  D. H_2O　　　　　　　　　E. 乙酰 CoA

15. 我们所吃的食物中最主要的必需脂肪酸是(　　)。

  A. 亚油酸　　　　　　　　B. 硬脂酸　　　　　　　C. 软脂酸

  D. 花生四烯酸　　　　　　E. 亚麻油酸

16. 蛋白质生理价值的高低取决于(　　)。

  A. 氨基酸的种类及数量　　B. 必需氨基酸的种类、数量及比例

  C. 必需氨基酸的种类　　　D. 必需氨基酸的数量

  E. 以上说法均不对

17. 营养充足的恢复期病人，应常维持(　　)。

  A. 氮负平衡　　　　　　　B. 氮平衡　　　　　　　C. 氮正平衡

  D. 氮总平衡　　　　　　　E. 以上全错

18. 复制是指(　　)。

  A. 以 DNA 为模板合成 DNA　　　B. 以 DNA 为模板合成 RNA

  C. 以 RNA 为模板合成 DNA　　　D. 以 RNA 为模板合成 RNA

  E. 以 DNA 为模板合成蛋白质

19. 蛋白质一级结构的主要化学键是(　　)。

A. 氢键　　　　　　　　　B. 疏水键　　　　　　　C. 盐键

D. 二硫键　　　　　　　　E. 肽键

20. 下列没有高能键的化合物是(　　)。

A. 磷酸肌酸　　　　　　　B. 谷氨酰胺　　　　　　C. ADP

D. 1,3-二磷酸甘油酸　　　E. 磷酸烯醇式丙酮酸

21. 脂肪酸氧化过程中，将脂酰～SCoA 载入线粒体的是(　　)。

A. ACP　　　　　　　　　B. 肉碱　　　　　　　　C. 柠檬酸

D. 乙酰肉碱　　　　　　　E. 乙酰辅酶 A

22. 人体内氨基酸脱氨基最主要的方式是(　　)。

A. 氧化脱氨基作用　　　　B. 联合脱氨基作用　　　C. 转氨基作用

D. 非氧化脱氨基作用　　　E. 脱水脱氨基作用

23. DNA 二级结构模型是(　　)。

A. α-螺旋　　　　　　　　B. 走向相反的右手双螺旋　　C. 三股螺旋

D. 走向相反的左手双螺旋　E. 走向相同的右手双螺旋

24. 人体中嘌呤分解代谢的终产物是(　　)。

A. 尿素　　　　　　　　　B. 尿酸　　　　　　　　C. 氨

D. β-丙氨酸　　　　　　　E. β-氨基异丁酸

25. 蛋白质生物合成的起始信号是(　　)。

A. UAG　　　　　　　　　B. UAA　　　　　　　　C. UGA

D. AUG　　　　　　　　　E. AGU

26. 人体内能转化成黑色素的氨基酸是(　　)。

A. 酪氨酸　　　　　　　　B. 脯氨酸　　　　　　　C. 色氨酸

D. 蛋氨酸　　　　　　　　E. 谷氨酸

27. 冈崎片段是指(　　)。

A. 模板上的一段 DNA

B. 在领头链上合成的 DNA 片段

C. 在随从链上由引物引导合成的不连续的 DNA 片段

D. 除去 RNA 引物后修补的 DNA 片段

E. 指互补于 RNA 引物的那一段 DNA

28. 运输内源性甘油三酯的血浆脂蛋白主要是(　　)。

A. VLDL　　　　　　　　B. CM　　　　　　　　　C. HDL

D. IDL　　　　　　　　　E. LDL

29. 在核酸分子中核苷酸之间连接的方式是(　　)。

A. 2′,3′-磷酸二酯键　B. 2′,5′-磷酸二酯键　　　C. 3′,5′-磷酸二酯键

D. 肽键　　　　　　　　　E. 糖苷键

30. 生物体编码氨基酸的终止密码有(　　)个。

A. 1　　　　　　　　　　B. 2　　　　　　　　　　C. 3

D. 4　　　　　　　　　　E. 5

二、X型选择题(以下每一考题下面有 A、B、C、D、E 五个备选答案，其中至少有两个正确答案，请从中选出所有的正确答案，每小题 2 分，共 20 分)

1. 给人体生命活动提供能量的物质是(　　)。
　　A. 蛋白质　　　　　　　　B. 糖　　　　　　　　　C. 水
　　D. 无机盐　　　　　　　　E. 脂肪

2. DNA 分子中碱基配对规律是(　　)。
　　A. A 对 T　　　　　　　　B. A 对 U　　　　　　　C. G 对 C
　　D. G 对 T　　　　　　　　E. C 对 U

3. 糖有氧氧化的终产物是(　　)。
　　A. CO_2　　　　　　　　　B. H_2O　　　　　　　　C. 乳酸
　　D. 丙酮酸　　　　　　　　E. ATP

4. 糖酵解的关键酶是(　　)。
　　A 己糖激酶　　　　　　　B 丙酮酸激酶　　　　　C 磷酸果糖激酶
　　D 丙酮酸羧化酶　　　　　E 葡萄糖-6-磷酸酶

5. 下列属于必需氨基酸的是(　　)。
　　A. 亮氨酸　　　　　　　　B. 异亮氨酸　　　　　　C. 蛋氨酸
　　D. 苯丙氨酸　　　　　　　E. 缬氨酸

6. 维生素 A 的生理作用有(　　)。
　　A. 构成视紫红质，与人的暗视觉有关　　B. 维持上皮组织的完整和健全
　　C. 促进生长发育　　　　　　　　　　　D. 抑制癌变
　　E. 促进小肠对钙和磷的吸收

7. 血脂包括(　　)。
　　A. 甘油三酯　　　　　　　B. 磷脂　　　　　　　　C. 胆固醇
　　D. 脂肪酸　　　　　　　　E. 胆汁酸

8. 在酸碱平衡中起重要作用的器官是(　　)。
　　A. 肾脏　　　　　　　　　B. 肝脏　　　　　　　　C. 肺脏
　　D. 心脏　　　　　　　　　E. 大脑

9. 酮体包括(　　)。
　　A. 氨基酸　　　　　　　　B. 草酰乙酸　　　　　　C. 乙酰乙酸
　　D. β-羟丁酸　　　　　　　E. 丙酮

10. 糖异生的原料有(　　)。
　　A. 乳酸　　　　　　　　　B. 甘油　　　　　　　　C. 丙氨酸
　　D. 葡萄糖　　　　　　　　E. 果糖

三、名词解释(每小题 3 分，共 15 分)

1. 酶的活性中心
2. 糖异生
3. DNA 半保留复制
4. 等电点

5. β-氧化

四、填空题(每空 1 分，共 15 分)

1. DNA 损伤的修复包括_____、_____和_____。

2. 酶可以催化 6 大类反应，按照国际酶学委员会的编号顺序它们分别是_____、_____、_____、_____、_____和_____。

3. 人体不能合成的脂肪酸是_____和_____。

4. 蛋白质具有从一级结构到四级结构明显的结构层次，其中常见的三种规则的二级结构是_____、_____和_____。

5. 核酸合成的方向是_____。

五、简答题(每小题 5 分，共 10 分)

1. 简述血氨的来源和去路。

2. 简述三羧酸循环的特点。

六、论述题(共 10 分)

硬脂酸(十八碳饱和脂肪酸)经 β-氧化及三羧酸循环彻底氧化分解，在这个过程中一共产生多少分子 ATP？请写出计算过程。

综合测试题(九)

一、A 型选择题(以下每一考题下面有 A、B、C、D、E 五个备选答案，请从中选出一个最佳答案，每小题 1 分，共 30 分)

1. 组成人体内蛋白质的氨基酸有(　　)。
   A. 8 种　　　B. 61 种　　　C. 12 种　　　D. 20 种　　　E. 无数种

2. 肝脏的生物转化不包括(　　)。
   A. 氧化　　　B. 水解　　　C. 还原　　　D. 螯合　　　E. 结合

3. AST(GOT)活性最高的组织是(　　)。
   A. 心肌　　　B. 脑　　　C. 骨骼肌　　D. 肝　　　E. 肾

4. 氨基酸的主要脱氨基方式是(　　)。
   A. 转氨基作用　　　　　B. 氧化脱氨基作用　　　　　C. 还原作用
   D. 联合脱氨基作用　　　E. 化合反应

5. 占体重比例最多的体液是(　　)。
   A. 细胞内液　　　　　B. 细胞外液　　　　　C. 细胞间液
   D. 血液　　　　　　　E. 脑脊液

6. 细胞内液中的主要阳离子是(　　)。
   A. 钠离子　　　　　B. 钾离子　　　　　C. 镁离子
   D. 钙离子　　　　　E. 氢离子

7. 血脂不包括(　　)。
   A. TG(甘油三酯)　　　　　　　　　　　B. LP(磷脂)
   C. Fch(游离胆固醇)和 ChE(胆固醇酯)　　D. FFA(游离脂肪酸)
   E. 胆汁酸

8. 肝在激素代谢中的作用是(　　)。
   A. 增加活性　　　　　B. 灭活作用　　　　　C. 延长激素作用的时间
   D. A+B　　　　　　　E. B+C

9. 糖异生的生理意义是(　　)。
   A. 降低血糖浓度　　　B. 维持血糖浓度　　　C. 有利于乳酸再利用
   D. A+B　　　　　　　E. B+C

10. 下列属于激素敏感性脂肪酶有(　　)。
    A. 甘油一酯脂肪酶　　　B. 甘油三酯脂肪酶　　C. 甘油二酯脂肪酶
    D. 以上都是　　　　　　E. 以上都不是

11. 负氮平衡出现在( )。
    A. 消耗性疾病患者患病期　　B. 疾病恢复期　　C. 儿童发育期
    D. 健康成人　　E. 孕妇
12. 糖有氧氧化的最终产物是( )。
    A. CO_2+H_2O+ATP　　B. 乳酸　　C. 丙酮酸
    D. 乙酰 CoA　　E. 柠檬酸
13. RNA 中有但 DNA 中没有的碱基是( )。
    A. A　　B. C　　C. G　　D. T　　E. U
14. 核酸的基本组成单位是( )。
    A. 核苷　　B. 核苷酸　　C. 戊糖　　D. 磷酸和戊糖　　E. 磷酸核
15. 维生素 D 的活性形式是( )。
    A. FH_4　　B. $1,25\text{-}(OH)_2\text{-}V.D_3$　　C. $25\text{-}(OH)\text{-}V.D_3$
    D. $1\text{-}(OH)\text{-}V.D_3$　　E. $6\text{-}(OH)\text{-}V.D_3$
16. 细胞外液中主要的阳离子是( )。
    A. Na^+　　B. K^+　　C. Ca^{2+}　　D. Mg^{2+}　　E. 以上都不是
17. 正常成人每天的需水量为( )。
    A. 1000 mL　　B. 1200 mL　　C. 2000 mL　　D. 2500 mL　　E. 5000 mL
18. 正常人血浆中 Ca 和 P 的乘积以 mg/dL 表示时范围在( )内。
    A. 20~25　　B. 25~30　　C. 30~35　　D. 35~40　　E. 40~45
19. 合成酮体的主要器官是( )。
    A. 红细胞　　B. 脑　　C. 骨骼肌　　D. 肝　　E. 肾
20. 坏血病是由于缺乏( )。
    A. VK　　B. VE　　C. VD　　D. VPP　　E. VC
21. 糖分解代谢的主要途径是( )。
    A. 糖原合成　　B. 糖酵解　　C. 磷酸戊糖途径
    D. 糖有氧氧化　　E. 糖异生作用
22. 糖酵解时,一分子葡萄糖净产生的能量是( )。
    A. 3 个 ATP　　B. 4 个 ATP　　C. 5 个 ATP
    D. 38 个 ATP　　E. 2 个 ATP
23. 脂肪酸 β-氧化不包括( )。
    A. 活化　　B. 脱氢　　C. 加水　　D. 再脱氢　　E. 硫解
24. 人体内氨的去路主要是( )。
    A. 转化为胺　　B. 在肝中合成尿素,由胆道排除
    C. 合成 NPN　　D. 在肝中合成尿素,由肾排除
    E. 重新合成氨基酸
25. 白化病患者体内缺乏( )。
    A. 酪氨酸酶　　B. 苯丙氨酸酶　　C. 色氨酸酶
    D. 葡萄糖磷酸化酶　　E. 果糖磷酸激酶
26. 下列( )不是一碳单位。

A．CO_2　　B．-CH_3　　C．≥CH　　D．>CH_2　　E．-CH_2OH

27．ATP 的生成方式有(　　)。

A．普通磷酸化反应　　　　B．底物磷酸化反应　　　　C．氧化磷酸化反应

D．A+B　　　　E．B+C

28．氧化磷酸化的偶联部位在 NADH 呼吸链中有(　　)。

A．4个　　　B．3个　　　C．2个　　　D．1个　　　E．5个

29．感冒病人发烧的原因是(　　)。

A．ADP 的影响　　　　B．ATP 的影响　　　　C．甲状腺素的影响

D．阻断剂的影响　　　　E．解偶联剂的影响

30．胆色素不包括(　　)。

A．胆红素　　B．胆绿素　　C．胆素原　　D．胆素　　E．细胞色素

二、X型选择题(以下每一考题下面有 A、B、C、D、E 五个备选答案，其中至少有两个正确答案，请从中选出所有的正确答案，每小题 2 分，共 10 分)

1．下列能直接进入三羧酸循环或属于三羧酸循环中间产物的是(　　)。

A．草酰乙酸　　　　B．丙酮酸　　　　C．柠檬酸

D．乙酰 CoA　　　　E．苹果酸

2．磺胺类药物抑制细菌生长繁殖的原理是(　　)。

A．直接使细菌蛋白质变性　　　B．抑制了二氢叶酸还原酶的活性

C．与对氨基苯甲酸竞争　　　D．抑制二氢叶酸合成酶的活性

E．与草酰乙酸竞争

3．给人体生命活动提供能量的物质是(　　)。

A．蛋白质　　　B．糖　　　C．水　　　D．无机盐　　　E．脂肪

4．人体内调节酸碱平衡的机构有(　　)。

A．肝脏　　　B．血液　　　C．肾脏　　　D．心脏　　　E．肺脏

5．DNA 分子中碱基配对规律是(　　)。

A．A 对 T　　　B．A 对 U　　　C．G 对 C　　　D．G 对 T　　　E．C 对 U

三、填空题(每空 1 分，共 20 分)

1．DNA 二级结构的基本形式是＿＿＿＿＿＿。

2．糖异生有四个关键酶，它们分别是＿＿＿＿＿、＿＿＿＿＿、＿＿＿＿＿和＿＿＿＿＿。

3．乳酸脱氢酶(LDH)存在＿＿＿＿＿种同工酶，心肌梗死见于＿＿＿＿＿的活性升高，急性肝病见于＿＿＿＿＿的活性升高。

4．影响酶活性的因素有＿＿＿＿＿、＿＿＿＿＿、＿＿＿＿＿、＿＿＿＿＿和＿＿＿＿＿。

5．NADH 氧化呼吸链和 FADH 氧化呼吸链中发生氧化磷酸化的次数分别是＿＿＿＿＿和＿＿＿＿＿次。

6．密度法可将血浆脂蛋白分为四种，它们分别是＿＿＿＿＿、＿＿＿＿＿、＿＿＿＿＿和＿＿＿＿＿。

四、名词解释(每小题 5 分，共 20 分)

1. 维生素
2. 活性中心
3. 三羧酸循环
4. 必需氨基酸

五、简答题(每小题 10 分，共 20 分)

1. 简述水的生理功能。
2. 简述脂肪酸 β-氧化的定义及基本过程。

综合测试题(十)

一、A 型选择题(以下每一考题下面有 A、B、C、D、E 五个备选答案，请从中选出一个最佳答案，每小题 1 分，共 45 分)

1. DNA 分子组成中不含有(　　)。

　　A. dTMP　　B. UMP　　C. dAMP　　D. dCMP　　E. dGMP

2. 蛋白质一级结构是指(　　)。

　　A. 氨基酸的性质　　　　　　　　B. 分子中的各种化学键

　　C. 氨基酸残基的排列顺序　　　　D. 分子中的共价键

　　E. 分子中的次级键

3. 下列氨基酸为非编码氨基酸的是(　　)。

　　A. 谷氨酸　　B. 组氨酸　　C. 鸟氨酸　　D. 甘氨酸　　E. 亮氨酸

4. 蛋白质变性是由于(　　)。

　　A. 氨基酸排列顺序的改变　　　　B. 肽键断裂　　　　C. 蛋白质水解

　　D. 蛋白质空间结构的破坏　　　　E. 氨基酸数量改变

5. 测得 100 克生物样品氮的含量为 2 克，那么该样品中蛋白质的含量大约为(　　)。

　　A. 6.25%　　B. 12.5%　　C. 1%　　D. 2%　　E. 20%

6. 血清白蛋白(pI=4.7)在 pH 值为(　　)的溶液中带正电荷。

　　A. 4.0　　B. 4.7　　C. 5.0　　D. 7.2　　E. 8.0

7. 在 pH 值为 8.6 的缓冲液中进行血清醋酸纤维素薄膜电泳，可把血清蛋白质分为 5 条带，从负极数起它们的顺序是(　　)。

　　A. $\alpha 1$、$\alpha 2$、β、γ、A　　　　B. A、$\alpha 1$、$\alpha 2$、β、γ

　　C. γ、β、$\alpha 2$、$\alpha 1$、A　　　　D. β、γ、$\alpha 2$、$\alpha 1$、A

　　E. A、γ、β、$\alpha 2$、$\alpha 1$

8. 嘌呤和戊糖形成糖苷键，其彼此连接的位置是(　　)。

　　A. N_9-C_1　　B. N_1-C_1　　C. N_3-C_1　　D. N_7-C_1　　E. N_9-C_3

9. 下列关于酶的活性中心的叙述不正确的是(　　)。

　　A. 活性中心内有结合基团和催化基团

　　B. 活性中心只作为必需基团起作用而与整个酶分子无关

　　C. 辅酶或辅基是必需基团之一

　　D. 活性中心的构象需与底物相适应

　　E. 活性中心的构象被破坏，酶失活

10. 结合酶在(　　)才具有催化活性。

　　A．以酶蛋白形式存在时　　　　　B．以辅酶形式存在时
　　C．以辅基形式存在时　　　　　　D．以全酶形式存在时
　　E．以酶原形式存在时

11．酶促反应中决定酶的专一性的是(　　)。
　　A．结合基团　　　　　　B．催化基团　　　　　　C．辅酶
　　D．酶蛋白　　　　　　　E．辅基

12．Km 是指(　　)。
　　A．Vmax 时的[S]　　　B．Vmax/2 时的[S]　　　C．2Vmax 时的[S]
　　D．3Vmax 时的[S]　　　E．4Vmax 时的[S]

13．酶原之所以没有活性是由于(　　)。
　　A．酶蛋白肽链合成不完全　　　　B．活性中心未形成或未暴露
　　C．酶原是普通的蛋白质　　　　　D．缺乏辅酶或辅基
　　E．活性中心外部被覆盖

14．一个 12 碳饱和脂肪酸彻底氧化分解后净生成的 ATP 数是(　　)。
　　A．57　　　B．95　　　C．97　　　D．65　　　E．129

15．下列属于结合酶的是(　　)。
　　A．脲酶　　　　　　　　B．核糖核酸梅　　　　　C．胃蛋白酶
　　D．脂肪酶　　　　　　　E．己糖激酶

16．降低血糖浓度的激素有(　　)。
　　A．胰高血糖素　　　　　B．胰岛素　　　　　　　C．肾上腺素
　　D．生长激素　　　　　　E．糖皮质激素

17．与辅酶概念相符的是(　　)。
　　A．它是一种高分子有机化合物　　　B．不能用透析法将它与酶蛋白分开
　　C．它与相应酶蛋白结构十分相似　　D．参与化学基团或电子的传递
　　E．决定酶的专一性

18．人脑中的 γ-氨基丁酸(GABA)是由(　　)代谢产生的。
　　A．α-酮戊二酸　　　　　B．丙酮酸　　　　　　　C．天冬氨酸
　　D．谷氨酸　　　　　　　E．丙氨酸

19．一段 DNA 单链顺序为 5′-CGGTA-3′，它能与(　　)段 RNA 链杂交。
　　A．5-UACCG-3　　　　　B．5-TAGGC-3　　　　　C．5-GCCAU-3
　　D．5-GCCAT-3　　　　　E．5-TAGCU-3

20．脂肪组织大量动员时，肝内乙酰辅酶 A 主要趋向是合成(　　)。
　　A．脂肪酸　　　　　　　B．胆固醇　　　　　　　C．酮体
　　D．葡萄糖　　　　　　　E．蛋白质

21．组成蛋白质的氨基酸有(　　)。
　　A．10 种　　　B．15 种　　　C．20 种　　　D．25 种　　　E．30 种以上

22．人体内进行氧化脱氨基作用的主要是(　　)。
　　A．所有氨基酸　　　　　B．丙氨酸　　　　　　　C．谷氨酸
　　D．天冬氨酸　　　　　　E．组氨酸

23. 某蛋白质的 pI 是 6.0，在 pH 值为 4.2 的溶液中，应以(　　)形式存在。
　　A. 正离子　　　　　　　B. 负离子　　　　　　　C. 兼性离子
　　D. 分子状态　　　　　　E. 游离氨基酸

24. 脂肪酸分解的主要方式是(　　)。
　　A. α-氧化　　　　　　　B. ω-氧化　　　　　　　C. γ-氧化
　　D. β-氧化　　　　　　　E. δ-氧化

25. 丙酮酸在线粒体中主要生成的是(　　)。
　　A. 乳酸　　　　　　　　B. 柠檬酸　　　　　　　C. 乙酰辅酶 A
　　D. 丙酮酸　　　　　　　E. 3-磷酸甘油醛

26. (　　)时可致代谢性酸中毒。
　　A. 严重呕吐　　　　　　B. 糖尿病或饥饿　　　　C. 输入碳酸氢钠过多
　　D. 低血钾　　　　　　　E. 通气过度

27. 肝脏生成乙酰乙酸的直接前体是(　　)。
　　A. β-羟丁酸　　　　　　B. 乙酰 CoA　　　　　　C. 甲羟戊酸
　　D. β-羟基-β-甲基戊二酰 CoA(HMG-CoA)　　　　E. 乙酰乙酰辅酶 A

28. TAC 中有底物磷酸化的反应是(　　)。
　　A. α-酮戊二酸→琥珀酰辅酶 A　　　B. 琥珀酰辅酶 A→琥珀酸
　　C. 柠檬酸→α-酮戊二酸　　　　　　D. 琥珀酸→苹果酸
　　E. 苹果酸-草酰乙酸

29. 小肠消化吸收的甘油三酯需要被运输到脂肪组织中储存，其运输载体是(　　)。
　　A. CM　　　B. VLDL　　　C. LDL　　　D. HDL　　　E. IDL

30. 糖酵解中催化不可逆反应的酶是(　　)。
　　A. 磷酸葡萄糖变位酶　　B. 磷酸己糖异构酶　　　C. 醛缩酶
　　D. 乳酸脱氢酶　　　　　E. 丙酮酸激酶

31. 占体重比例大约百分之五的体液是(　　)。
　　A. 淋巴液　　　　　　　B. 脑脊液　　　　　　　C. 血液
　　D. 细胞内液　　　　　　E. 细胞间液

32. 在三羧酸循环中(　　)催化的反应可直接产生 GTP。
　　A. 苹果酸脱氢酶　　　　B. 柠檬酸脱氢酶　　　　C. 琥珀酸激酶
　　D. 琥珀酸脱氢酶　　　　E. α-酮戊二酸脱氢酶

33. 能被 2,4-二硝基苯酚(2,4-DNP)抑制的代谢是(　　)。
　　A. 底物磷酸化　　　　　B. 氧化磷酸化　　　　　C. 糖酵解
　　D. 糖异生　　　　　　　E. 酮体生成

34. 下列与脂类运输有关的蛋白质是(　　)。
　　A. 核蛋白　　　　　　　B. 糖蛋白　　　　　　　C. 脂蛋白
　　D. 色蛋白　　　　　　　E. 磷蛋白

35. Preβ-LP 的功能是转运(　　)。
　　A. 内源性脂肪　　　　　B. 外源性脂肪　　　　　C. 胆固醇
　　D. 磷脂　　　　　　　　E. 游离脂肪酸

36．正常人空腹时体内不含有脂蛋白(　　)。

  A．CM B．VLDL C．LDL D．HDL E．IDL

37．正常人的血浆 pH 值为(　　)。

  A．6.0～6.5   B．6.5～7.0   C．7.35～7.45

  D．7.5～8.0   E．8.0～8.5

38．人体内钠的主要排泄途径是(　　)。

  A．肝脏 B．肾脏 C．皮肤 D．小肠 E．呼吸

39．磷酸果糖激酶催化的产物是(　　)。

  A．1,4-二磷酸果糖   B．1-磷酸果糖   C．6-磷酸果糖

  D．1,6-二磷酸果糖   E．1,3 二磷酸果糖

40．既能兴奋心肌又能抑制神经肌肉兴奋性的离子是(　　)。

  A．Fe^{2+} B．Na^+ C．K^+ D．Ca^{2+} E．Mg^{2+}

41．维持细胞内液和细胞外液渗透压平衡的离子是(　　)。

  A．钾离子和钠离子   B．钾离子和镁离子   C．钠离子和钙离子

  D．镁离子和钙离子   E．钙离子和氢离子

42．Cyt 传递电子的顺序是(　　)。

  A．$c \rightarrow c_1 \rightarrow b \rightarrow aa_3 \rightarrow O_2$ B．$b \rightarrow c_1 \rightarrow c \rightarrow aa_3 \rightarrow O_2$ C．$c_1 \rightarrow c \rightarrow b \rightarrow aa_3 \rightarrow O_2$

  D．$c \rightarrow b \rightarrow aa_3 \rightarrow c \rightarrow O_2$ E．$aa_3 \rightarrow b \rightarrow c \rightarrow c_1 \rightarrow O_2$

43．氨在体内最主要的去路是(　　)。

  A．合成尿素，由尿液排出体外   B．生成谷氨酰胺

  C．合成非必需氨基酸   D．合成碱基

  E．生成 α-酮酸

44．抽取病人血液时如果溶血，可使离子(　　)假性升高。

  A．Na^+ B．Ca^{2+} C．K^+ D．Fe^{2+} E．Zn^{2+}

45．嘌呤核苷酸循环只在(　　)中进行。

  A．肝 B．肾 C．肌肉 D．大脑 E．肺脏

二、B1 型选择题(以下提供若干组考题，每组考题共用在考题前列出的 A、B、C、D、E 五个备选答案，请从中选择一个与问题关系最密切的答案，某个备选答案可能被选择一次、多次或不被选择，每小题 1 分，共 40 分)

(46～48 题备选答案)

  A．蛋白质的等电点 B．蛋白质沉淀 C．蛋白质的结构域

  D．蛋白质的四级结构 E．蛋白质变性

46．蛋白质分子所带电荷相等时溶液的 pH 值是(　　)。

47．蛋白质的结构被破坏，理化性质改变，并失去其生物学活性称为(　　)。

48．可使蛋白质呈兼性离子的是(　　)。

(49～53 题备选答案)

  A．AMP B．ADP C．ATP D．dATP E．cAMP

49. 含一个高能磷酸键的是( )。

50. 含脱氧核糖基的是( )。

51. 分子内含 3', 5'-磷酸二酯键的是( )。

52. 第二信使是指( )。

53. 给生命活动直接供能的是( )。

(54~58 题备选答案)

    A. HDL   B. apo   C. FA   D. GPT   E. ATP

54. 能对抗动脉粥样硬化的是( )。

55. 载脂蛋白是指( )。

56. 急性肝炎时升高的是( )。

57. 将肝外胆固醇向肝内转运的是( )。

58. 能进行 β-氧化的是( )。

(59~62 题备选答案)

    A. 维生素 K   B. 维生素 B_{12} C. 维生素 E

    D. 维生素 C   E. 维生素 A

59. 与合成视紫红质有关的是( )。

60. 与生育有关的是( )。

61. 缺乏后可引起出血倾向的是( )。

62. 能治疗干眼病的是( )。

(63-67 题备选答案)

    A. 运输作用   B. 2500 毫升   C. 钾离子

    D. 增强心肌兴奋性   E. 葡萄糖

63. 大量输入时易引起低血钾的是( )。

64. 水的生理功能是( )。

65. 正常人每天水的摄入量平均是( )。

66. 钙离子的作用是( )。

67. 可抑制心肌兴奋性的是( )。

(68~72 题备选答案)

    A. 胆色素   B. 胆红素   C. 胆绿素

    D. 胆素原   E. 胆素

68. 胆红素体内代谢产物是( )。

69. 尿与粪便的颜色来源于( )。

70. 在单核-吞噬细胞系统中生成的胆色素是( )。

71. 血红素在血红素加氧酶催化下生成的物质是( )。

72. 具有脂溶性，易透过细胞膜的是( )。

(73～76 题备选答案)

  A．K^+ B．Ca^{2+} C．300 毫升   D．350 毫升   E．500 毫升

73．能提高神经肌肉兴奋性的是( )。

74．能抑制神经肌肉兴奋性的是( )。

75．正常人每天最少的排尿量是( )。

76．正常人每天经过呼吸蒸发排泄的水量是( )。

(77～81 题备选答案)

  A．递氢作用   B．转氨基作用   C．转酮醇作用

  D．转酰基作用   E．转运 CO_2 作用

77．CoA-SH 作为辅酶参与( )。

78．FMN 作为辅酶参与( )。

79．NAD^+作为辅酶参与( )。

80．生物素作为辅助因子参与( )。

81．磷酸吡哆醛作为辅助酶参与( )。

(82～85 题备选答案)

  A．肽键   B．次级键   C．氨基末端

  D．α-螺旋   E．肽

82．维持蛋白质空间结构的化学键是( )。

83．蛋白质分子中的主键是( )。

84．书写时必须写在多肽链的左侧的是( )。

85．由氨基酸借肽键相连而成的化合物是( )。

三、X 型选择题(以下每一考题下面有 A、B、C、D、E 五个备选答案，其中至少有两个正确答案，请从中选出所有的正确答案，每小题 1 分，共 5 分)

86．酶作用的特点有( )。

  A．高效性   B．高度敏感性   C．高度专一性

  D．活性可调节性   E．高度稳定性

87．磺胺类药物抑制细菌生长繁殖的原理是( )。

  A．直接使细菌蛋白质变性   B．抑制了二氢叶酸还原酶的活性

  C．与对氨基苯甲酸竞争   D．抑制二氢叶酸合成酶的活性

  E．与草酰乙酸竞争

88．Insulin 降低血糖的原理有( )。

  A．增加细胞膜对葡萄糖的通透性 B．促进葡萄糖的氧化分解

  C．促进糖原合成   D．促进糖的转变

  E．抑制糖的异生

89．低血钾时常出现( )。

  A．心率变慢   B．心率加快   C．全身软弱无力，反射减弱

　　　D. 出现异位心律　　　　　E. 神经肌肉的应激性提高
90. 属于蛋白质二级结构的是(　　)。
　　　A. β-片层结构　　　　　　B. 纤维状结构　　　　C. 球状结构
　　　D. α-螺旋结构　　　　　　E. 双螺旋结构

四、简答题(每小题 5 分，共 10 分)
1. 简述 LDH 同工酶的化学和分布特点及其诊断意义。
2. 用中文名称写出酮体生成的化学反应过程。

附 录

附录一　生物化学实验室守则

一、遵守纪律，认真实验

每个学员都应该自觉地遵守课堂纪律，维护课堂秩序，保持室内安静，不大声谈笑。实验过程中要听从教师指导，严格认真地按照操作规程进行实验。并简要、准确地将实验结果和数据记录在实验记录本上，完成实验后经教师检查同意，方可离开实验室。实验后要认真写好实验报告，由课代表按期收交给教师，不得无故拖延。

二、保持整洁

保持环境和仪器的整齐清洁是做好实验的重要条件，也是每个实验者必须养成的良好的工作习惯。实验台面和试剂药品架上都必须保持整洁，仪器药品放置要有次序，不要把试剂、药品洒在实验台面和地上，废液应倒进水槽内(强酸强碱必须倒入废品缸内，不可倒入水槽或随便丢弃)。实验完毕需将仪器洗净收好，药品试剂排列整齐。把实验台面抹擦干净，保持实验室整齐清洁。

三、药品使用

(1) 使用药品试剂时必须注意节约，杜绝浪费，要特别注意保持药品和试剂的纯净，药品用后需立即将瓶盖塞紧放回原处，从瓶中取出的试剂、标准溶液等，如未用尽切勿倒回瓶内，避免混杂与污染。

(2) 任何装有化学药品的容器都必须贴上标签，注明其内容及配制时间。

(3) 在使用任何化学药品前，一定要熟知该化学药品的性质。

(4) 在使用任何化学药品时，一定要穿着工作服，必要时应佩戴必要的个人防护具，如防护服、防护手套等。使用时务必仔细小心。

四、仪器使用

应注意爱护各种仪器用具，细心使用，防止损坏，使用分析天平、分光光度计和电动离心机等贵重精密仪器时，要严格遵守操作规程，发现故障立即报告教师，不要自己动手检修，要爱护公共财产，厉行节约。

五、注意安全

为了有效地维护实验室安全，保证实验正常进行，要求：

(1) 要严格做到：火着人在，人走火灭。

(2) 勿使乙醚、丙酮、醇类等易燃液体接近火焰，蒸发或加热此类液体时，必须在水浴上进行，切勿用明火直接加热。

(3) 凡比水轻且不与水相混溶之物(如醚、苯、汽油等)着火时，应迅速用湿毛巾覆盖火焰，以隔绝空气使其熄灭，绝不能倒水于其上，以免火焰蔓延，对于易与水混溶之物(如乙醇、丙酮等)着火时，可用灭火器扑灭之。

(4) 有不少药品是有毒或有腐蚀性的，不可用手直接拿取，不可将试剂瓶直接对准鼻子嗅闻，更不可品尝药品味道。吸取有毒试剂、强酸和强碱时，均应使用洗耳球，严禁用口吸取。

(5) 离开实验室时，要关好水龙头，拉下电闸，认真负责地进行检查，严防不安全事故。

(6) 每次实验课班长应安排同学轮流值日，值日生要负责当天实验室的卫生、安全和一切服务性工作。

六、意外事件处理

(一) 发生可控制的火灾时，应注意以下几点：

(1) 使用附近的灭火器灭火，同时要注意灭火器的类型，按以下步骤进行操作：

① 揭开环状保险栓。

② 挤压杠杆。

③ 将喷嘴对准火苗底部。

(2) 若是衣服着火，可用湿布掩盖，以达到窒息火苗的目的。

(3) 若是电线失火，应立即关闭电源后灭火。

(4) 迅速向实验室负责人报告。

(二) 当发生无法控制的火灾时，应注意以下几点：

(1) 立即通知实验室其他人员，撤离人员、重要物资等。

(2) 离开实验室时应将所有电源关掉。

(3) 立即拨打火警电话。

(三) 当发生人身意外伤害时，需要将伤者立即送医，并报告实验室安全负责人。

附录二　实验记录及实验报告

一、实验记录

实验课前应认真预习，将实验名称、目的和要求、原理、实验内容、操作方法和步骤等详细地写在记录本中。

实验记录本应标上页数，不要撕去任何一页，不要抹擦及涂改，写错时划去重写，记录时必须使用钢笔或圆珠笔。

实验中观察到的现象、结果和数据，应该及时地记在记录本上，绝对不可以用单片纸做记录或草稿，原始记录必须准确、详尽、清楚，从实验课开始就应养成这种良好、规范的科研习惯。

记录时，应做到正确记录实验结果，切忌夹杂主观因素，这一点十分重要。实验中观察到的现象，应如实仔细地记录下来。在定量实验中观测的数据，如称量物的重量、滴定管的读数、光电比色计或分光光度计的读数等，都应设计表格准确地记下正确的读数，并根据仪器的精确度准确记录有效数字。例如，光密度值为 0.050，不应写成 0.05。实验记录上的每一个数字，都反映了每一次的测量结果，所以，重复观测时即使数据完成相同也应如实记录下来。数据的计算也应该写在记录本上，一般写在正式记录左边的页面上。总之，实验的每个结果都应正确无遗漏地做好记录。

实验中使用仪器的类型、编号以及试剂的规格、化学式、分子量的准确浓度等，都应记录清楚，以便总结实验时进行校对和作为查找成败原因的参考依据。

每个仪器使用者在仪器使用结束后都必须对仪器的使用情况与状态进行登记，并签名，如果发现记录的结果有遗漏、丢失等，必须重做实验。因为，将不可靠的结果当做正确的记录，在实际工作中可能造成难以估计的损失，所以，在学习期间就应一丝不苟，培养严谨的科学作风。

二、实验报告

实验结束后，应及时整理和总结实验结果，写出实验报告。实验按照实验内容可分为定性和定量实验两大类，下面分别列举这两类实验报告的格式，仅供参考。

(一) 关于定性实验报告

实验(编号)(实验名称)

1. 实验目的
2. 实验原理
3. 实验用品
4. 实验步骤
5. 实验结果

一般每次实验课都会做多个定性实验，实验报告中的实验名称和目的要求应该是针对这次实验课的全部内容所必须达到的目的和要求。在写实验报告时，可以按照实验内容分别写原理、操作方法、结果与讨论等。原理部分应简述其基本原理。操作方法(或步骤)可以采用工艺流程图的方式或自行设计的表格来表示(某些实验的操作方法可以和结果与讨论部分合并，自行设计各种表格综合书写)。结果与讨论包括实验结果及实验现象的小结、对实验课中遇到的问题(和思考题)的探讨以及对实验的改进意见等。

(二) 关于定量实验报告

实验(编号)(实验名称)

1. 实验目的

2. 实验原理

3. 实验用品

4. 实验步骤

5. 实验结果

6. 讨论

通常每次实验课只做一个定量实验，在实验报告中，目的和要求、原理以及操作方法部分应简单扼要地叙述，但是对于实验条件(试剂及仪器)和操作的关键环节必须写清楚，对于实验结果部分，应根据实验课的要求将一定实验条件下获得的实验结果和数据进行整理、归纳、分析和对比，并尽量总结成各种图表，如原始数据及其处理的表格、标准曲线图(以及实验组与对照组实验结果的图表)等。另外，还应针对实验结果进行必要的说明和分析。讨论部分包括关于实验方法(或操作技术)和有关实验的一些问题，如对实验的正常结果和异常现象(以及思考题)的探讨，对于实验设计的认识、体会和建议，对实验课的改进意见等。

附录三　化学试液的配制

化学试剂(Chemical Reagent)是进行化学研究、成分分析的相对标准物质，常用于物质的合成、分离、定性和定量分析的实验。做化学实验之前，都应当提前配制好所需要的化学试液。由于储存、运输和安全等方面的需要，化学试剂常以化学纯或分析纯等类型的固体、液体或者气体的形式封装。在实验过程中，需要使用溶剂溶解化学试剂，制成一定浓度的溶液。化学实验人员必须掌握化学试液配制的要求和操作。

一、化学试液浓度及试剂用量的计算

配制化学试液时，首先要知道实验所需的试液浓度，根据浓度和实验用量取用一定量的试液。溶液浓度的表示方法有以下几种形式：

(1) 质量百分浓度(质量分数，m/m)：指每 100g 溶液中所含溶质的质量(单位：g)。

质量百分浓度=溶质质量(g)/溶液质量(g)×100%=溶质质量(g)/(溶质质量(g)+溶剂质量(g))×100%

(2) 体积百分浓度(体积分数，V/V)：指每 100 mL 的溶液中所含溶质的体积(单位：mL)。

体积百分浓度=溶质体积(mL)/溶液体积(mL)×100%=溶质体积(mL)/(溶质体积(mL)+溶剂体积(mL))×100%

(3) 质量摩尔浓度：指每 1kg 溶液中所含溶质的物质的量(单位：mol)。

质量摩尔浓度=溶质的物质的量(mol)/溶液质量(kg)

(4) 体积摩尔浓度(摩尔浓度)：指每一升的溶液中所含溶质的物质的量(单位：mol)。

体积摩尔浓度=溶质的物质的量(mol)/溶液的体积(L)

根据实验所需的试液浓度，选用相应的试剂，查看试剂瓶上标签所标识的成分、分子量和质量等信息，计算试剂取用量，然后称取试剂进行配制。

二、试液配制的基本操作(以物质的量浓度为例)

(一) 基本定义

以单位体积溶液里所含某种溶质的物质的量来表示溶液组成的物理量，叫做这种溶质的物质的量浓度。如在 1L 溶液中含有 1 mol 某种溶质，那么这种溶质的物质的量浓度就是 1 mol/L。

(二) 一定物质的量浓度的溶液的配制

1. 固体溶质计算公式

$$C=n/V, \quad n=m/M$$

配制一定物质的量浓度溶液的关键：(1) 准确称量固体试剂的质量；(2) 准确测量液体溶质的体积。

2．实验器材

托盘天平、量筒、容量瓶(500 mL)、烧杯、玻璃棒、胶头滴管、药匙等。

专用仪器：容量瓶(规格固定)。

3．基本步骤

(1) 计算：固体试剂的质量或液体试剂的体积。

(2) 称量(量取)：用托盘天平称量固体试剂，用量筒或滴定管量取液体试剂。

(3) 溶解(稀释)：在小烧杯中进行。因溶解过程一般伴随有热量变化，有热效应，故在溶解过程中要进行冷却。

(4) 转移：将玻璃棒的下端伸到容量瓶瓶颈刻度线下，用玻璃棒转移溶液。

(5) 洗涤：用蒸馏水洗涤小烧杯和玻璃棒 3 次，其目的是使试剂尽可能地转移到容量瓶中，以减少误差。

(6) 旋摇：将洗涤液转入容量瓶后，振荡，然后向容量瓶中注入蒸馏水，到距刻度 1～2 cm 为止。

(7) 定容：向容量瓶中加水至刻度线 1～2 cm 处后，再用胶头滴管定容至刻度线，使溶液的凹液面的最低点与刻度线相切。

(8) 摇匀：用右手食指顶住瓶塞，左手托住容量瓶的瓶底，上下翻转 3 次，使溶液混合均匀。

(9) 装瓶：将配制好的试液及时转移到试剂瓶中，贴好标签(试液名称、浓度、配制时间)。

三、容量瓶的使用

1．基本构造

细颈、梨形、平底玻璃瓶，无色或棕色，瓶口配有磨口玻璃塞或塑料塞。

2．结构特点

(1) 容量瓶上标有温度和容积。

(2) 容量瓶上有刻线但无刻度。

3．使用范围

用来配制一定体积浓度准确的溶液。

4．使用方法

(1) 使用前要检查是否漏水，经检查不漏水的容量瓶才能使用。在容量瓶内加水至标线，塞紧瓶塞，用右手食指顶住瓶塞，另一只手托住容量瓶底，将其倒立(瓶口朝下)，观察容量瓶是否漏水，可用滤纸片检查。若不漏水，将瓶正立且将瓶塞旋转 180°后，再次倒立，检查是否漏水，若两次操作，容量瓶瓶塞周围皆无水漏出，即表明容量瓶不漏水。

(2) 把准确称量好的固体溶质放在烧杯中，用少量溶剂溶解。然后把溶液转移到容量瓶里。为保证溶质能全部转移到容量瓶中，要用溶剂 3 次洗涤烧杯，并把洗涤溶液全部转移到容量瓶里。转移时要用玻璃棒引流。方法是将玻璃棒一端靠在容量瓶颈内壁上，注意不要让玻璃棒其它部位触及容量瓶口，防止液体流到容量瓶外壁上。加入适量溶剂后，振摇，进行初混。

(3) 当向容量瓶内加入的液体液面离标线 1~2 cm 时，应改用滴管小心滴加，最后使液体的凹液面与标线正好相切。若液体液面超过刻度线，则需重新配制。

(4) 盖紧瓶塞，用倒转和摇动的方法使瓶内的液体混合均匀。静置后可能会出现液面低于刻度线的情况，这是因为容量瓶内极少量溶液在瓶颈处润湿导致损耗，所以并不影响所配制溶液的浓度，故不要在瓶内添水，否则，将使所配制的溶液浓度降低。

5．注意事项

(1) 容量瓶购入后都要先清洗然后进行校准，校准合格后才能使用。

(2) 溶解或稀释的操作不能在容量瓶中进行。

(3) 不能长期存放溶液或在瓶内进行化学反应。

(4) 不能进行加热。

(5) 只能配置容量瓶上规定容积的溶液。

附录四　实验报告书写要求

实验报告是对科学的忠实记录和总结，因此，实验结束后，应及时整理和总结实验结果，进行讨论和分析，并完成实验报告。

完整的实验报告应包括：实验名称、实验人员、实验日期、实验目的、实验原理、实验用品(器材与试剂)、实验步骤、实验结果、注意事项、实验讨论等内容。

实验目的、实验原理及实验步骤可以做简单扼要的叙述，但不是简单地将实验指导抄一遍，而是用简练、准确的语言进行总结和概括，对于实验条件、操作重点等则应详细描述清楚。

实验结果包括如实记录定性实验观察到的现象和定量实验的原始数据，并对采集的数据进行统计分析，得到相应的实验结论。结论要简明扼要地说明本次实验所获得的结果。

实验讨论部分是书写实验报告的关键，可以对实验原理、实验设计进行讨论，也可以结合自己的实验结果进行讨论。

下面所示实验报告模板仅供参考。

实验题目：＿＿＿＿＿＿＿＿＿＿＿＿＿

实验人员：＿＿＿＿＿＿＿　　　　　　实验时间：＿＿＿＿＿＿＿

一、实验目的

二、实验原理

三、实验用品

四、实验步骤

五、实验结果

六、结果讨论

附录五　常用生化单位正常值

	项目	正常值(常规单位) (修改前)	正常值(国际单位) (修改后)
1	谷丙转氨酶(ALT)	0～40 U/L	0-40 U/L
2	谷草转氨酶(AST)	0～40 U/L	0～40 U/L
3	碱性磷酸酶(ALP)	30～150 U/L	30～150 U/L
4	肌酸肌酶(CK)	22～180 U/L	22～180 U/L
5	肌酸肌酶同工酶(CK～MK)	Olympus 0～25U/L, DADE 0～6U/L	0～15 U/L
6	乳酸脱氢酶(LDH)	91～570 U/L	80～285 U/L
7	α-羟丁酸脱氢酶(HBDH)	70～220 U/L	70～220 U/L
8	谷氨酰转酞酶(γ-GT)	8.0～55.0 U/L	8.0～55.0 U/L
9	胆碱酯酶(CHE)	5.4～13.2 KU/L	5.4～13.2 KU/L
10	总-淀粉酶(T-AMY)	<115U/L	< 115 U/L
11	总胆汁酸(TBA)	10.0～20.0 μmol/L	10.0～20.0 μmol/L
12	载脂蛋白 A1(APOA1)	0.90～1.60g/L	0.90～1.60 g/L
13	载脂蛋白 B(APOB)	0.60～1.00g/L	0.60～1.00 g/L
14	钾(K)	3.50～5.50 mmol/L	3.50～5.50 mmol/L
15	钠(NA)	135.0～150.0 mmol/L	135.0～150.0mmol/L
16	二氧化碳(CO_2)	20.1～31.0mmol/L	20.1～31.0mmol/L
17	氯(CL)	95～110 mmol/L	95～110 mmol/L
18	肌酐(CREA)	0.6～1.3 mg/dL	53～141 μmol/L
19	钙(CA)	8.0～10.0 mg/dL	2.0～2.5 mmol/L
20	磷(P)	3.0～5.0 mg/dL	0.97～1.62 mmol/L
21	镁(MG)	1.70～2.70 mg/dL	0.7～1.1 mmol/L
22	尿酸(MA)	3.0～7.0 mg/dL	119～416 mmol/L
23	尿素氮(BMN)	4～20 g/dL	2.86～7.14 mmol/L
24	葡萄糖(GLM)	70～110 mg/dL	3.85～6.05 mmol/L
25	总胆固醇(CHOL)	150～200 mg/dL	3.9～6.5 mmol/L
26	甘油三酯(TRIG)	50～150 mg/dL	0.57～1.7 mmol/L
27	高密度脂蛋白-C(HDL-C)	40～60 mg/dL	1.04～1.56 μmol/L
28	低密度脂蛋白-C(LDL-C)	90～120 mg/dL	2.34～3.12 μmol/L
29	总蛋白(TP)	6.0～8.0g/dL	60～80 g/L
30	白蛋白(ALB)	3.5～5.5g/dL	35～55 g/L
31	总胆红素(T-BIL)	0.20～1.00 mg/dL	1.7～μmol/L

	项目	正常值(常规单位) (修改前)	正常值(国际单位) (修改后)
32	血氨-干化学法(NH₃)	< 90 μg/dL	< 53 μmol/L
33	铁(FE)	60～150 μg/dL	10.7～26.9 μmol/L
34	总铁结合力（TIBC）	270～380μg/dL	48.3～68.0 μmol/L
35	脑脊液糖定量	成人 40～70 mg/dL 小儿 60～90 mg/dL	成人 2.2～3.85 mmol/L 小儿 3.3～4.95 mmol/L
36	脑脊液氯定量	成人 119～128 mmol/L 小儿 111～123 mmol/L	成人 119～128 mmol/L 小儿 111～123 mmol/L
37	尿钾测定	2～4g/24h	25～150mmol/24h
38	尿钠测定	3～5g/24h	40～220 mmol/24h
39	尿钙测定	0.1～0.3g/24h	25～75 mmol/24h
40	尿磷测定	1.1～1.?/mg/24h	0.36～0.55 mmol/24h
41	尿尿酸测定	250～750mg/24h	14858～44573mmol/d
42	脑脊液总蛋白定量	15～45 mg/dL	15～45 mg/dl
43	前白蛋白(PA)	28～35mg/dL	280～350mg/L
44	腺苷脱氨酶（ＡＤＡ）	4～24 U/L	4～24 U/L
45	血管紧张素转化酶(ACE)	18～55 U	18～55 U
46	糖化血清蛋白(GSP)	122～236μmol/L	122～236μmol/L
47	乳酸(LA)	4.5～20mg/dL CSF: <25.2mmol/L 尿液:496～1982mg/24h	0.5～2.2mmol/L <2.8mmol/L 5.5～22mmol/L
48	超敏 C 反应蛋白	0～3 mg/dL	0～30 g/L

附录六　常用生化单位换算表

检验项目名称	英文缩写	传统单位	换算系数	SI 制单位
红细胞计数	RBC	万/mm^3	0.01	$\times 10^{12}$/L
白细胞计数	WBC	/mm^3	0.001	$\times 10^9$/L
血红蛋白	HGB	g/dL	10	g/L
血小板计数	PLT	/mm^3	0.001	$\times 10^9$/L
白细胞分类	DC	%	0.01	1
骨髓细胞分类	BM-DC	%	0.01	1
嗜酸性粒细胞直接计数	EOS	/mm^3	0.001	$\times 10^9$/L
红细胞压积	HCT	%	0.01	1
网织红细胞计数	RET	%	0.01	1
脑脊液细胞计数	CST	个/mm^3	1	$\times 10^6$/L
浆膜腔液细胞计数		个/mm^3	1	$\times 10^6$/L
精液精子计数		亿/mL	100	$\times 10^9$/L
血清总蛋白	TB	g/dL	10	g/L
血清白蛋白	ALB	g/dL	10	g/L
血清球蛋白		g/dL	10	g/L
脑脊液蛋白		mg/dL	0.01	g/L
蛋白质电冰		%	0.01	1
葡萄糖	GLU	mg/dL	0.05551	mmol/L
血清钾	K$^+$	mEq/L	1	mmol/L
血清钾	K$^+$	mg/dL	0.02558	mmol/L
血清钠	Na$^+$	mEq/L	1	mmol/L
血清钠	Na$^+$	mg/dL	0.435	mmol/L
血清氯化物	Cl$^-$	mEq/L	1	mmol/L
血清氯化物	Cl$^-$	mg/dL	0.2321	mmol/L
血表钙	Ca^{++}	mEq/L	0.5	mmol/L
血清钙	Ca^{++}	mg/dL	0.2495	mmol/L
血清无机磷	P	mg/dL	0.3229	mmol/L
铁	Fe^{++}	μg/dL	0.1791	μmol/L
铜	Cu^{++}	μg/dL	0.1574	μmol/L
镁	Me^{++}	μg/dL	0.4114	μmol/L
锌	Zn^{++}	μg/dL	0.153	μmol/L
铅	Pb	μg/dL	0.04826	μmol/L
尿素氮	BUN	mg/dL	0.357	mmol/L

续表

检验项目名称	英文缩写	传统单位	换算系数	SI 制单位
尿素	U	mg/dL	0.1665	mmol/L
尿酸	UA	mg/dL	59.48	μmol/L
肌肝	Cr	mg/dL	88.402	μmol/L
肌酸		mg/dL	76.26	μmol/L
二氧化碳结合力	CO_2CP	VOL%	0.4492	μmol/L
丙酮		mg/dL	172	μmol/L
纤维蛋白质	FIB	g/dL	10	g/L
总胆红素	TBIL	mg/dL	17.1	μmol/L
直接胆红素	DBIL	mg/dL	17.1	μmol/L
胆固醇	CHOL	mg/dL	0.02586	mmol/L
甘油三酯	TRLG	mg/dL	0.01129	mmol/L
β-脂蛋白		mg/dL	0.01	g/L
脂蛋白电泳		%	0.01	1
谷-丙转氨酶	ALT	U/L	16.67	nmol·s^{-1}/L
谷-草转氨酶	AST	U/L	16.67	nmol·s^{-1}/L
碱性磷酸酶	ALP	U/L	0.1667	μmol·s^{-1}/L
酸性磷酸酶	ACP	U/L	16.67	nmol·s^{-1}/L
乳酸脱氢酶	LD	U/L	0.01667	μmol·s^{-1}/L
淀粉酶	AMY	U/L	0.1667	μmol·s^{-1}/L
免疫球蛋白(IgA,G,M)	Ig	mg/dL	0.01	g/L
免疫球蛋白(IgD,E)	Ig	mg/dL	10	mg/L
血清补体(C_3,C_4)	C_3,C_4	mg/dL	0.01	g/L
甲胎球蛋白	AFP	ng/mL	0.05848	nmol/L

附录七　实验室中常用酸碱的相对密度和浓度的关系

相对密度 (15℃)	HCl		HNO₃		H₂SO₄	
	质量分数/(%)	c/mol·L⁻¹	质量分数/(%)	c/mol·L⁻¹	质量分数/(%)	c/mol·L⁻¹
1.02	4.13	1.15	3.70	0.6	3.1	0.3
1.04	8.16	2.3	7.26	1.2	6.1	0.6
1.05	10.2	2.9	9.0	1.5	7.4	0.8
1.06	12.2	3.5	10.7	1.8	8.8	0.9
1.08	16.2	4.8	13.9	2.4	11.6	1.3
1.10	20.0	6.0	17.1	3.0	14.4	1.6
1.12	23.8	7.3	20.2	3.6	17.0	2.0
1.14	27.7	8.7	23.3	4.2	19.9	2.3
1.15	29.6	9.3	24.8	4.5	20.9	2.5
1.19	37.2	12.2	30.9	5.8	26.0	3.2
1.20			32.3	6.2	27.3	3.4
1.25			39.8	7.9	33.4	4.3
1.30			47.5	9.8	39.2	5.2
1.35			55.8	12.0	44.8	6.2
1.40			65.3	14.5	50.1	7.2
1.42			69.8	15.7	52.2	7.6
1.45					55.0	8.2
1.50					59.8	9.2
1.55					64.3	10.2
1.60					68.7	11.2
1.65					73.0	12.3
1.70					77.2	13.4
1.84					95.6	18.0
0.88	35.0	18.0				
0.90	28.3	15				
0.91	25.0	13.4				
0.92	21.8	11.8				
0.94	15.6	8.6				
0.96	9.9	5.6				
0.98	4.8	2.8				
1.05			4.5	1.25	5.5	1.0
1.10			9.0	2.5	10.9	2.1
1.15			13.5	3.9	16.1	3.3
1.20			18.0	5.4	21.2	4.5
1.25			22.5	7.0	26.1	5.8
1.30			27.0	8.8	30.9	7.2
1.35			31.8	10.7	35.5	8.5

附录八　常用元素原子量表

元素名称	元素符号	相对原子质量	元素名称	元素符号	相对原子质量
氢	H	1	钾	K	39
氦	He	4	氩	Ar	40
碳	C	12	钙	Ca	40
氮	N	14	锰	Mn	55
氧	O	16	铁	Fe	56
氟	F	19	铜	Cu	63.5
氖	Ne	20	锌	Zn	65
钠	Na	23	溴	Br	80
镁	Mg	24	银	Ag	108
铝	Al	27	碘	I	127
硅	Si	28	钡	Ba	137
磷	P	31	铂	Pt	195
硫	S	32	金	Au	197
氯	Cl	35.5	铬	Cr	52

附录九　常用缓冲液的配置方法

1. 广范围的缓冲液(pH 2.6~7.2)

pH (18℃)	混合液* /mL	0.2 mol/L NaOH /mL	pH (18℃)	混合液* /mL	0.2 mol/L NaOH /mL	pH (18℃)	混合液* /mL	0.2 mol/L NaOH /mL
2.6	100	2.0	5.8	100	36.5	9.0	100	72.7
2.8	100	4.3	6.0	100	38.9	9.2	100	74.2
3.0	100	6.4	6.2	100	41.2	9.4	100	75.9
3.2	100	8.3	6.4	100	43.5	9.6	100	77.6
3.4	100	10.1	6.6	100	46.0	9.8	100	79.3
3.6	100	11.8	6.8	100	48.3	10.0	100	80.8
3.8	100	13.7	7.0	100	50.6	10.2	100	82.0
4.0	100	15.5	7.2	100	52.9	10.4	100	82.9
4.2	100	17.6	7.4	100	55.8	10.6	100	83.9
4.4	100	19.9	7.6	100	58.6	10.8	100	84.9
4.6	100	22.4	7.8	100	61.7	11.0	100	86.0
4.8	100	24.8	8.0	100	63.7	11.2	100	87.7
5.0	100	27.1	8.2	100	65.6	11.4	100	88.7
5.2	100	29.5	8.4	100	67.5	11.6	100	92.0
5.4	100	31.8	8.6	100	69.3	11.8	100	95.0
5.6	100	34.4	8.8	100	71.0	12.0	100	99.6

* 混合液的配置：6.008 克柠檬酸、3.893 克磷酸二氢钾、1.769 克硼酸和 5.266 克巴比妥酸混合溶于 1000 ml 蒸馏水中，上述四种成分在混合液中的浓度均为 0.028 75 mol/L。

2. 醋酸-醋酸钠缓冲液(pH 3.7~5.6)

pH,18℃	XmL 0.2mol/ L NaAc	YmL 0.2mol/L HAc	pH,18℃	XmL 0.2mol/ L NaAc	YmL 0.2mol/ L HAc
3.7	10.0	90.0	4.8	59.0	41.0
3.8	12.0	88.0	5.0	70.0	30.0
4.0	18.0	82.0	5.2	79.0	21.0
4.2	26.5	73.5	5.4	86.0	14.0
4.4	37.0	63.0	5.6	91.0	9.0
4.6	49.0	51.0			

醋酸钠，$CH_3COOHNa \cdot 3H_2O$；分子量 136.09；0.2 mol/L 溶液含 g/L。

附录十　常用酸碱指示剂

指示剂	变色 pH 范围	酸性颜色	碱性颜色
甲基橙	3.1～4.4	红	黄
溴酚蓝	3.0～4.6	黄	紫
溴甲酚绿	3.8～5.4	黄	蓝
甲基红	4.4～6.2	红	黄
溴甲里酚蓝	6.2～4.6	黄	蓝
酚红	6.7～8.4	黄	红
酚酞	8.0～10.0	无	红
百里酚酞	9.4～10.6	无	蓝

参 考 文 献

[1]　凌烈锋. 生物化学与分子生物学实验教程[M]. 北京：中国科学技术出版社，2015.

[2]　武金霞. 生物化学实验教程[M]. 北京：科学出版社，2012.

[3]　余冰宾. 生物化学实验指导[M]. 2 版. 北京：清华大学出版社，2010.

[4]　宋方洲. 生物化学与分子生物学实验[M]. 2 版. 北京：科学出版社，2012.

[5]　钱士匀，左云飞. 临床生物化学检验实验指导[M]. 4 版. 北京：人民卫生出版社，2011.

[6]　丛峰松. 生物化学实验[M]. 上海：上海交通大学出版社，2005.

[7]　张维娟，王玉兰. 生物化学与分子生物学实验教程[M]. 郑州：河南大学出版社，2014.

[8]　查锡良，药立波. 生物化学与分子生物学[M]. 8 版. 北京：人民卫生出版社，2013.

[9]　药立波. 医学分子生物学实验技术[M]. 2 版. 北京：人民卫生出版社，2011.

[10]　屈伸，刘治国. 分子生物学实验技术[M]. 北京：化学工业出版社，2008.

[11]　罗建新，许克前，张慧. 临床生物化学教学改革探讨[J]. 检验医学教育，2005，12(3):8.